唯独你
不可以平庸

古茗
著

WEIDU NI BU KEYI PINGYONG

北方妇女儿童出版社
长春

图书在版编目(CIP)数据

唯独你不可以平庸 / 古茗著 . -- 长春 : 北方妇女儿童出版社 , 2016.9
ISBN 978-7-5385-9971-8

Ⅰ . ①唯… Ⅱ . ①古… Ⅲ . ①成功心理－通俗读物 Ⅳ . ① B848.4-49

中国版本图书馆 CIP 数据核字 (2016) 第 124266 号

出 版 人：刘　刚
出版统筹：师晓晖
策　　划：马百岗
责任编辑：张晓峰　苏丽萍
封面设计：胡椒设计
开　　本：710mm×1000mm　1/16
印　　张：14
字　　数：180千字
印　　刷：北京盛华达印刷有限公司
版　　次：2016年9月第1版
印　　次：2016年9月第1次印刷

出　　版：北方妇女儿童出版社
发　　行：北方妇女儿童出版社
地　　址：长春市人民大街4646号
　　　　　邮编：130021
电　　话：编辑部：0431-86037512
　　　　　发行科：0431-85640624

定　　价：36.80元

不折腾，拿什么去回忆

世上的人，林林总总，有人安于现状，有人继续麻木不仁。

有人使劲折腾，奔向梦想。折腾，是对梦想的尊重；不折腾，你永远都是“做梦的人”！

不能飞，就跑；跑不动，就走；实在走不动了，就爬。

记住：

无论做什么，你都要勇往直前；

无论有多难，你都要多坚持一下。

你的生活，

有多少还停留在对别人的羡慕当中？

再不折腾，你就老了！

如画风景是自然对人类的慷慨，

努力拼搏是生命对人生的期待，

千万不要低估你实现梦想的能力。

生命，所有人只有一次。

还有梦想尚未实现，还有高峰不曾抵达。

所谓青春纪念册，

是折腾不动时候的回忆，

不折腾，拿什么去回忆？

目录

CONTENTS

ONE 唯独梦想不能将就

TWO 唯独努力不能懈怠

THREE 唯独坚持不能停歇

FOUR 唯独信念不能动摇

FIVE 唯独突破没有极限

SIX 唯独优雅不能伪饰

SEVEN 唯独你不可以平庸

ONE
唯独梦想不能将就

梦想是注定孤独的旅行

梦想是注定孤独的旅行，
路上少不了质疑和嘲笑。
但那又怎样？
哪怕遍体鳞伤，
也要活得漂亮。

如果浮生是一场梦，那就努力去将它做尽。

三毛说：“一个人至少拥有一个梦想，有一个理由去坚强。心若没有栖息的地方，到哪里都是在流浪。”因为心中有梦，所以在面对生活中的世事无常时会有所期盼，所以无论身处何方，都是一场灵魂的救赎与回归。

电影《中国合伙人》中有这样一句台词：“梦想是什么，梦想就是一种让你感到坚持就是幸福的东西。”听到这句话时，你是否还会心头一颤？梦想就是那些你想要实现还暂时无法实现的事情。这些事你害怕说出口，因为害怕被人嘲笑；这些事你害怕去尝试，因为并不容易成为现实；这些事你暂时不能去做，因为你还没有生存和立足的资本。

也许你曾经梦想成为一位舞蹈家、一位音乐家、一位演员、一位画家……可是这一切都和你父母的意愿相违背，家庭条件也根本不足以支撑你的梦想。你以为，艺术本来就是富人们闲来无事、茶余饭后的消遣。后来，你为了不再给父母增添负担，为了不再让他们感到压力，放弃了曾经天马行空的想象，放弃了曾经留存于心的美好。

他们常说，在根本没有办法生存的状况下，有什么资格去谈梦想？有什么资格去做那些赚不了钱的事？后来你开始清醒，原来这就是现实，这就是普通人和有资本的人之间的距离。后来，谁再跟你谈梦想的时候，你只是笑而不语，将那些梦都小心翼翼地留在心中，甚至寄托在自己孩子的身上。

你确实有权利放弃你的梦想。其实，你无非是害怕将自己的一切都押进一场看不到未来的豪赌中。没有稳定的住房，没有稳定的收入，错过结婚和生育年龄都是别人家长教育儿女的反面教材。可是，如果你连尝试都没有去尝试，直接选择了一个稳定、安逸的生活，多年以后回想起来，不觉得遗憾吗？

J.K. 罗琳在哈佛大学的演讲中说，她生在一个普通的家庭中，她一直深信写小说是自己唯一想做的事情。父母认为她这种过度的想象力并不是什么好事，根本无法让她支付贷款，或是支付养老金。父母曾经希望她去拿个技术学位，不过她想去攻读英国文学。后来父母妥协了，但条件是她必须把专业改成德语。不过等父母走后，她立刻放弃了德语，选择了古典文学。也许直到毕业典礼那天，父母才发现这件事。她说，父母也许认为，在全世界所有的专业中不会有比研究古希腊神话更没用的专业了，因为这个专业根本无法为她换来一间独立而宽敞的卫生间。

她自己曾经也害怕失败，并且那时也的确很失败。在一段短暂的婚姻后，她成了单身母亲，外加失业让她的生活变得举步维艰。也许除了流浪汉以外，她是英国最穷的人之一，一无所有。她说，曾经父母的担忧都成了事实。不过，这一切都没有打倒她。相反，她非常感谢那段非常失败的时光，因为那意味着自己剥离了一切不必要的东西，不再伪装自己，从而将所有精力放到对自己最重要的事情上。如果不是因为没在其他领域中成功过，她就不会在属于自己的舞台上树立坚定的信念。

在这个时代，我们会面对很多选择，也会考虑更多不必要的事情。正因为太多忧虑，才会越来越偏离自己曾经的梦想。乔布斯说过："专注和简单一直是我的秘诀之一。简单可能比复杂更难做到：你必须努力厘清思路，从而使其变得简单。但最终这是值得的，因为一旦你做到了，便可以创造奇迹。"当你失去一切、一无所有的时候，也正是你真正开始面对自己内心的时候。因为已经跌落谷底，所以根本不再害怕失去；因为一无所有，所以勇往直前，不惧失败；因为心之所向，所以更加专注。

实现梦想的过程本身就是一段孤独的旅行，受到质疑和嘲笑也在所难免，可那又怎样？无论被多少人否定和质疑，你都有做梦的权利，哪怕遍体鳞伤，那又如何？因为心中有梦，前路再艰难，命运再坎坷，你都无所畏惧。

追梦，任何时候都不晚

你瞻前顾后，因为害怕失败。

你迟疑不定，因为担心太晚。

就这样，

时间被消耗在无关紧要的忧虑中，

一生也便过去了。

叶芝在《凯尔特的薄暮》中说:“奈何一个人随着年龄增长，梦想便不复轻盈；他开始用双手掂量生活，更看重果实而非花朵。”我们不是做不到，而是害怕太晚出发，害怕追不上同伴的脚步，害怕一辈子在平庸中度过，害怕被如潮的人海淹没。如果因为年龄而放弃了该有的人生，那才是遗憾且可悲。

读大学时，我认识了一位治学严谨的年轻女老师。她大专毕业后就一直留在农村教书，六年后她开始寻求改变，不想一辈子就这么度过。她努力复习，成功专升本，之后又考上了硕士研究生。当然，这并不是结束，而是开始。因为她严谨、踏实的治学态度，以及自身在专业领域的造诣，她又通过了博士生考试，直至后来留在大学里任教。

她说，那个时候周围的人都反对她再读书，觉得女孩子学历那么高没有什么用。最后忙活了半天还是做着普通的工作，拿着平凡的工资，结婚生子。她没有理会这些，只是抛开一切，孤军奋战。在大学时期，她一直鼓励我们要多读书，多努力，不要将大学的时光虚度，更不要相信什么读书无用论，因为读书可以为你的人生带来更多转变。

脚踏实地地去努力，去拼搏，唯有这样才能改变自己的命运。在这个世界上，无论何时出发，只要你愿意，最终都能抵达想要去的远方。

前不久在《财富》发布的 2015 年“中国最具影响力的 25 位商界女性”排行榜中，老干妈风味食品有限责任公司董事长陶华碧排名第 22 位。若 42 岁还在卖凉粉和冷面的她，49 岁时没有决定重新开始自己的人生，我们的餐桌上，就没有“老干妈”辣酱了。

1947 年，陶华碧出生在贵州的一个偏远山村里，她没有上过一天学，只会写自己的名字。在 1989 年，42 岁的陶华碧用自己省吃俭用的一点钱，加上四处捡来的砖头在街边搭了个棚子，取名叫“实惠餐厅”，专门卖凉粉和冷面。在这个过程中，她制作了拌凉粉的辣椒酱，没想到生意越来越红火。因此，她看准了辣椒酱的商机。经过几年的尝试，她的辣椒酱风味越发独特。1996 年，陶华碧办起了辣椒酱加工厂，那时她 49 岁。经过多年的努力，“老干妈”辣椒酱风靡全国，远销海外。在美国，奢侈品电商 Gilt（闪购网）甚至把“老干妈”奉为尊贵调味品。

在绝大部分女性退休的年纪，陶华碧重新开始了自己的人生。在很多女性担心迟暮、年华老去的年纪，陶华碧重新燃起了生活的斗志。她不怕苦累，亲手建立了自己的辣椒酱“王国”。她亲自切辣椒，捣辣椒，被辣到眼睛流泪，十指指甲钙化。她的公司不融资，不上市，不做广告，不炒作，凭产品的实力独行天下。年近50岁开始创业，而今68岁的陶华碧，身家70亿，5年累计纳税22亿，提供了4100个就业岗位，带动了800万人民致富。

看着瓶子上那张陶华碧的照片，朴实、真诚，眼中透着一丝坚毅，以及对生活的不屈服，是否能体会到这位女性到底有多强大？尽管开始追梦的时候已经年近50，但她没有畏惧，没有恐慌，只是铆足了劲儿一直向前冲。

每个人对年龄都有不一样的界定。但是，请淡化年龄和时间的概念，因为这根本不是阻止你前进的理由。

瞻前顾后，无非就是害怕失败；迟疑不定，无非就是担心太晚；焦虑，无非就是恐惧别人的眼光，恐惧被人否定，惧怕此生成为最平凡的人。就这样，时间被消耗在一切无关紧要的忧虑中，一生也便过去了。

世界那么大，我想去看看

我们天天想着看世界，
却又被假期和钞票捆着手脚。

“要么读书，要么旅行，身体和灵魂总有一个在路上。”旅行的意义并非是从某地到另一地位置的改变，也不是拍几张照片传上朋友圈，或是品尝当地的小吃。旅行在于体会各地的人文风情，并得到某种改变。

在一次同学会上，几位10年未曾谋面的女同学聚在一起谈论近况。她们多半结婚生子，也都已经不再年轻。有的在抱怨着柴米油盐、还房贷和车贷的各种压力；有的在为孩子学区房、补习班和兴趣班等焦头烂额；有的在痛骂自己丈夫酗酒晚归，或者抱怨没有赚钱的本事……然而在这群人中，有一位女子显得特别不同。她叫木子，同样有着自己的家庭，不过她的眉目要比别的女人舒展。她说自己刚休完年假回来，带孩子去了希腊和意大利，感受了古典时期与文艺复兴时期的艺术。大家听她讲述这些年旅行的感受，都陷入了沉默。

木子跳出了生活的小圈子，而当她的视野因旅行得以开阔后，对生活的态度与思维方式也发生了改变。作为一位女性，木子没有陷入生活的琐碎中；作为一位妻子，对丈夫的忙碌，她依旧给予了极大的体谅；作为母亲，她带孩子感受了不同国家和地区的文明，也开拓了孩子的视野。

有一位女教师的辞职信是这么写的：世界那么大，我想去看看。有人调侃说：钱包那么小，哪也去不了。也有的人想等自己赚多一点钱之后再旅行。其实，并不是你囊中羞涩，只是你没有将每个月的钱做一些规划。此外，千万不要想着“以后”，否则“以后”会变成永远无法触及的“明天”。不知道多少女人曾经用“等孩子大点”“等孩子高考完”“等我退休后”这样的话来安慰自己。只是，等到你将这一切做完后，早已年过半百，还有多少精力去踏遍这世界的大好河山？

读书和旅行是一个相辅相成的过程。“读万卷书，行万里路。”过了这么多年，很多人依旧不明白这句话的意义。大家早就被生活的重担压得喘不过气来，早就对那些文艺青年挂在口中的“远方”气得咬牙切齿，甚至觉得他们是无病呻吟、故作文艺。心中还有“诗和远方”的人，起码还没有被残酷的现实打倒，起码心中还存留一片净土。

即使是那些只是拍了一堆照片的人，虽然他们不明白旅行的意义、文化的价值，但他们起码走过，灵魂还没有被腐蚀。可悲的是那种永远被禁锢在同一个环境里，不愿意行走的人生。

我很小的时候，父亲就将一个地球仪放在我的房间里，并告诉我这个世界有多么奇妙。我总是会在书架上翻出父亲行走于世界各地带回的各种旅游地图。当我看着不同的文字时，才发现这个世界有多大，有多奇妙。他会告诉我爱琴海的美丽，告诉我藏于卢浮宫里的秘密，以及巴黎圣母院的神圣，告诉我他会给我带回荷兰的机械挂钟、俄罗斯的套娃、美国的芭比娃娃……

那个时候，他每到一个地方都会给我寄一张明信片，而我的心就此变得躁动不安。他告诉我，一定要出去看一看世界，只是年幼的我并不明白其中的意义。

当一个人走的地方多了，就会慢慢明白生活的真谛。我觉得一个女孩子，特别需要这种行走的信仰。

“每个人都会经历这个阶段，看见一座桥，就想知道山后面是什么。我很想告诉他，可能翻过山，到达山后面，你会发觉，原来没有什么特别。”

旅行是一个双向的过程，不仅意味着离开，也意味着回归。当你在一个地方待久了以后，总会厌倦每天重复的生活和工作，这个时候你会非常向往他处的生活。当你真正开始远行后，就会在旅途中明白，其实他处的生活是一样的。

旅行是一个改变的过程，让我们突破现有知识的局限性，打破旧有的思维习惯，超出原有的认知范围。当然，还有很多需要你慢慢去体会。

不念过去，不惧未来

不念过往的伤痛，

不恋曾经的辉煌，

把握当下的生活，

不惧未来的挑战。

如此，我们将成为更好的自己。

沉迷于过往是一种非常可怕的态度，也是非常危险的。那些过往，无论是好事，还是坏事，对于当前的我们来说其实都没有多少意义。沉浸于“曾经”是对当前的麻木不仁，也是对未来的视而不见，最终只能将我们推向悬崖边。

有句古话说“好汉不提当年勇”。在和朋友聚会的时候，我们总是能听到一些话:“我曾经可是……”“我当年也是和 ×× 吃过饭的……”“我的前任是……”人们总是会产生这样一种错觉：在取得了某种成绩后就会自以为了不起，从而越来越看不清自己。人生就是这样，当你沉迷于表面的浮华时，或多或少会迷失自己。

当人们看着科技市场上那些曾经风光一时、从辉煌走向没落的巨头时，不禁感叹商场的残酷无情。它们无法从过去的辉煌中走出，无法摆脱曾经的光环，因循守旧，一步步走向落幕。

当诺基亚集团被微软以约 54.4 亿欧元（91 亿新元）收购的时候，不知道有多少人会和我一样长叹：那个曾经陪伴我们走过青春的诺基亚，终究是难逃此劫。当年，几乎人手一部的诺基亚手机终究是无法躲过智能手机大军的侵袭。

再看看一度占据高档手机用户心灵的黑莓，因为“绝对的傲慢”也将自己慢慢逼向了绝境。在 iPhone 进入市场的时候，根据 2011 年 8 月《华尔街日报》一则报道，据说黑莓创始人迈克 · 拉扎里迪斯当时还告诉他的员工：“放心吧，没有人会购买 iPhone 的，人们不希望自己的手机是一部个人电脑，他们只是想收发邮件。”黑莓的高层根本没有将 iPhone 的到来放在眼里，一直沉迷于全键盘之中，而忽略了苹果公司的野心。最终，黑霉一败涂地，只能另寻他路。

除了沉溺于过往的辉煌中外，还有就是无法从过往的伤痛中走出。这种被悲伤折磨的痛楚能将一个人的斗志与信心都消磨殆尽。

大二那年，同学小维突然接到妈妈去世的消息，心情异常悲痛。她整个人都崩溃了，满面愁容，眼睛每天都是肿着的。就这样，突如其来的变故将小维彻底打垮了。我知道小维非常爱她的母亲，因为母亲是她生命里唯一的精神寄托。在小维 6 岁的时候，她的父母离婚，她被判给了母亲。这么多年来，母女两人相依为命，互相支撑着生活。小维在外地读书期间，她的母亲被查出得了肝癌，而且是晚期。母亲为了不让小维担心，让家里人都瞒着她。

在母亲去世后，小维整个人都变了。她不再参加学校的任何活动，也无心去上课，每天除了吃点东西外就躺在床上。同学们都非常理解小维失去至亲的心情，因此会有意带她出门散心或者拉着她去参加一些活动。然而，大家做的一切都是徒劳，没有起到一点作用。小维将自己封闭在自己的小世界里不和任何人接触，活得越来越压抑，越来越没有生活的希望。

就这样持续了大半年，我实在看不下去了，将异常颓废的她拉了出去。我问她："小维，你到底是怎么想的？"她神色依旧暗淡无光，无所谓地答道："没怎么想，就这么行尸走肉般地过吧。"我生气地问，"你这样一直沉浸在母亲去世的伤痛中，对得起天上的她吗？"她突然声嘶力竭起来，"她都不在了，我的生活还有什么意义？"那一刻，我不再说话了。我知道，不管我再怎么说下去都无用了。

学期末，小维没有去参加期末考试。看着小维空荡荡的座位，大家心情复杂，不知道该怎么办。曾经，小维是我们的学习委员，每到期末都帮着大家整理资料，督促同学们学习，只是现在……大三开学，我们没有再看到小维。辅导员告诉我们小维辍学了，去了南方的城市。大家用了很多方式去联系她，想让她再回学校，只是再也无法找到她了。我明白，如果换成是我自己，我也无法承受失去至亲的悲痛。

在人的一生中，或多或少都会遇到大大小小的灾难和变故。然而，我们如何面对这些事情，是所有人应该思考的问题。

无论是过往的悲痛，还是曾经的辉煌，我们要做的是不遗忘，但更该做的是不沉溺。过去的都已成为往事，而这种往事在某种程度上和幻觉无异，皆是无法触及的假象。这种假象会让我们迷失，让我们沉沦，甚至无法自拔。

在《哈利波特与魔法石》中，哈利看着厄里斯魔镜中的自己与家人，根本无法将视线离开。这时，邓布利多告诉他：人不能只活在幻想中，应该面对现实。还有，在电影《搏击俱乐部》中有这么一句话："我每晚都会死一次，可是又重生一次，复活过来。"一个人，对生活该有某种态度，就像是睡觉一样。当你睡过去的时候，这一天发生的事都已经成为过往与曾经，而你醒来的时候，那才是自己可以把握住的人生。

亲爱的朋友，请不要因过往的伤痛和辉煌变得麻木不仁，更不要被它们击倒。你要做的是不断挑战自我，超越"曾经"，不惧未来。如此，我们便能成为更好的自己。

别把梦想活成了空想

你有梦想，

但你更需要去履行，

否则只能成为无法实现的空想。

“理想很丰满，现实很骨感。”年轻人渴望成功，往往将马云、刘强东等人奉为白手起家的偶像。他们立志创业，梦想着成为CEO，登上人生的巅峰。只是过了很多年后，他们依旧是那个再普通不过的自己罢了。

人们为自己定下了伟大的目标，为何最终依旧是那个碌碌无为、平庸不过的自己？其实社会就是一个优胜劣汰的丛林，有着特别的生存法则。如果你的付出只够在食草动物那一层，却总是想着成为食肉动物，那么你生活的蓝图终将只是一张废纸罢了。这些设想就像是你为自己构筑的乌托邦，永远都将是无法触及的明天。

那些每天都在强调自己总有一天会成功，却不肯加倍努力的人，他们的梦永远无法成真。

很多年前，我们班有个同学总是自信满满地对大家说:“你们这些人，每天看书学习有什么用？还不如跟我去闯荡社会，年入百万不是问题！”当时，我觉得他可能真有这个本事，不用走一般同学学习的道路。过了几年后，他见到我说，“古茗，你怎么还在读书？这么学下去根本没用啊！”那时，我只是对他笑笑:“我又不像你这么聪明，只能靠勤奋读书啦。”然后我反问他，“你什么时候年入百万？”他哈哈大笑，“快了！快了！”

又过了几年，虽然大家还在默默打拼，但都在慢慢靠近自己曾经的梦想。后来，我们再也没有见过那个同学。据说，他好像生意失败，无奈回老家了。这么多年过去了，他只是一直在设想未来的美好，从来都没有脚踏实地地去做过什么事。那时，他用父母的钱投资生意，但因为缺乏经验和管理，最终惨败。

人们总是用欣羡的目光看着那些互联网大佬们吸金无数，觉得他们只是抓住了时代的机遇，但大家是否了解过他们为自己的梦想付出了多少，又经历了多少辗转反侧、彻夜无眠的夜晚？这个世界上本来就没有掉馅饼这样的好事，更没有一蹴而就的成功。走向顶端的人都不会用“画饼充饥”或“望梅止渴”这样自欺欺人的方式去实现自己的梦想。他们都经历了无数的磨难与痛苦，最终才站在了云端之上。

人们习惯了从小立下远大的抱负和梦想，可很多人的梦想终究成了空想。不过，依旧还是有人在默默努力着，小心翼翼地履行着曾经许下的诺言。

曾经，母亲为了提升我的气质，送我去学芭蕾舞。在学芭蕾的那段时间里，我认识了一个叫爱丽丝的姑娘。她非常漂亮，有着四分之一的法国血统，加上一双修长的腿，跳芭蕾舞是再合适不过的。爱丽丝从小就梦想成为世界顶尖的芭蕾舞演员。不过，那个时候我以为她是在开玩笑，因为练习芭蕾舞是一个非常艰辛的过程，需要付出超出常人的努力。

我练了大概一年的时间就放弃了，觉得自己实在受不了那种痛苦而又枯燥的生活。走的时候，爱丽丝跟我说："古茗，我一定会成为世界级芭蕾舞演员的。"我看着她稚嫩的眼神透出来的坚毅，真诚地祝福了她。

十几年过去了，我再也没有见过爱丽丝，也差不多把芭蕾舞的事情忘记了。只是有一天，我看到一篇名为《新一代芭蕾舞皇后登上舞台》的报道。爱丽丝的照片赫然映入眼帘，这让我惊讶不已。那么多年过去了，她更加漂亮了，身上透着一股女王的气质。记者问她："你觉得是什么让你站在了世界的舞台上？"爱丽丝答道："我是个行动派，只要想做的事情就一定会去实现，哪怕要付出巨大的代价。我从 7 岁就立志要成为世界顶级的芭蕾舞演员，之后就一直为这个梦想努力着。"我的心突然一颤。她还是那个她，依旧这么坚毅，并真的实现了自己的梦想。

我在电视屏幕上看到爱丽丝表演的《天鹅湖》，不知她到底花费了多少心血，熬过了多少辛苦的日夜，却仍能感受到她那强大的气场。

梦想再伟大，如果不能付出行动，那么也就成了空想。关注那些成功者所付出的努力，而不是一味去羡慕他们如今的光环。光环只是结果，是人们想要最终达到的顶峰。如果不去行动，梦想真的只是空谈罢了。你将因为自己的空谈永远都无法登上那座高峰，而停留在原地。

TWO

唯独努力不能懈怠

你的努力，配不上你的野心

你总以为自己很努力，
总是抱怨怀才不遇，
没有得到上天的垂青，
殊不知有人比你更努力。

我们总以为自己已经非常努力，可你不知道的是，你懈怠的时候，有人依然在奋力前行。所以，不要抱怨为何上天没有垂青你。

大学时，你八点钟起床，去图书馆自习。当你看着图书馆里稀稀疏疏的同学沾沾自喜时，殊不知有人六点就起床跑到天台背单词了。所以，那位同学得到了去美国的交换生名额，只是因为他比你更努力。

工作后，你每天匆匆忙忙地上班，以为自己非常努力，殊不知同事一直在给自己充电。所以，当那位同事得到老板的赏识、加薪晋升时，只是因为他在休息的时间付出了更多的努力。

努力分为很多种，而付出是和回报成正比的。世界上没有那么多的不公平，也没有那么多所谓的怀才不遇。你所付出的努力只是无法配得上你的梦想罢了。

去年，在表弟拿到了普林斯顿大学的全额奖学金后，所有人都投来欣羡的目光，都夸表弟天资聪慧，从小学到大学的成绩一直都非常好。然而，在这无数的夸赞与褒奖声中，在这些所谓的“以为”中，只有我知道表弟为此付出了多大的努力。他在刚上大学的时候就开始准备 GRE 与托福考试，每天几乎都是抱着 GRE 的单词书入睡。在一个严冬的凌晨三点，他给我发了条短信，说:“姐，我现在都不敢睡觉，坐在食堂里背单词。”那个时候我的心情复杂极了，只是不停地催他回去睡觉，生怕他搞垮了自己的身体。再后来，当他以高分通过了 GRE 和托福考试后，众人都认为弟弟天生英语好，殊不知他考了三次 GRE、四次托福，而在一次次的失败与打击后还是坚持一遍遍地复习，最终达到了普林斯顿大学的要求。

弟弟并没有懈怠，只是更加努力了。他说普林斯顿的学霸们都是“疯子”，稍有松懈就会跟不上他们的步伐，因为比你早起晚睡的人太多了。你抱怨老天为什么没有给你一个聪明的头脑，但你并不知道他们只是比你更努力而已。

你总是羡慕朋友圈里晒着幸福的人，他们周游世界，尝尽美食，看遍风景。可是你并不知道，他们为了一份文案熬夜到两三点的那个艰辛；你并不知道他们为了一个项目，跑前跑后被拒绝几十次的心酸；你并不知道他们在午夜悄悄流泪无人诉说的揪心。你以为他们得到了上天的眷顾，而他们只是比你更努力而已。

“可怕的是比你优秀的人比你还努力。”你为何还在抱怨自己的出身？你为何还浑浑噩噩地停滞不前？你为何还以为自己很努力？

你付出的努力还不够，对自己还不够狠，还不够拼命。年轻人，你总以为自己很努力，可是那些成功的人比你更努力。

我奋斗了 18 年才和你坐在一起喝咖啡

在那段努力奋斗的日子里，
在那段节衣缩食的时光里，
在那段奔波劳累的岁月里，
也许你穷困潦倒，也许你被人忽视，
但你快乐而心安理得。
因为你在一步一步接近自己的梦想，
即使那是别人轻而易举可触的平常。

麦子的《我奋斗了 18 年才和你坐在一起喝咖啡》，引起了众多读者的共鸣。一个农家子弟通过 18 年的奋斗，才获得了和大都会里的同龄人平起平坐的权利。当然，还有一个残酷的现实就是，即使你奋斗了 18 年，依旧不能和那些人坐在一起喝咖啡。

也许你心心念念的成功，不过是某些人眼中的失败；也许你梦寐以求的工作，不过是别人挑剩下的闲职；也许你身上背负的重担，对别人来说不值一文。也许，还有很多也许……这是所有摸爬滚打的小人物都不愿意承认的事实，而现实就是这么残酷。

后来你开始明白，唯有努力才能改变自己的命运，也唯有努力才能将不可能变成可能。其他孩子四处游历的时候，你在秉烛夜读，你把被子和枕头扔进了图书馆，每天和一群人并肩备战考研，或者抱着一堆厚厚的简历挤在人潮如海的招聘会现场，寻求一份足以养活自己的工作，然后你汗流浃背在如海的人潮中穿梭，累到下班后回到出租屋倒头就睡。

没错，你是无数普通而平凡大众中的一员，你没有优越的家庭条件，没有超出他人的特长，没有过人的学识……你一无所有，却仅凭一腔热血，以梦为马，执剑走天涯。我们都是这个时代摸爬滚打的小人物，但我们都有一颗英勇而无所畏惧的心，想要通过自己的努力成为这个时代的英雄。我们都希望凭借自己的努力，实现自己的梦想，成为最好的自己。我们都希望独立、坚强，拥有一份美好的爱情。这一切都是我们努力的动力，也是我们坚持的理由。

尽管很多人都会在我耳边说："姑娘，还是醒醒吧，你以为成功那么容易吗？你最终还是要结婚生子，学做一个贤妻良母，你终究是个手无缚鸡之力的弱女子。"

每当听到这样听似理智实则是废话的言论时，我都不会去辩解，亲爱的，你可以承认自己的渺小，但你可以在这个渺小的世界里变得伟大。你可以承认岁月不饶人，承认自己终归不再年轻，承认最后要面对现实的一切，然而年轻时的颠沛流离、居无定所将是你一辈子值得骄傲的事情。

为梦想而奋斗是一个非常美妙的过程。若干年后，那会是我们人生中最美好的一段时光。为了省钱，我们精打细算，我们学会了比价，在生活的压力下学会了做饭，学会了节制。你把所有的委屈都往肚子里咽，跟身边的人说自己现在变得越来越好。回想起那段时光，也许穷得只剩下了快乐。

也许，终其一生你都无法和那些人坐在一起喝咖啡；也许，终其一生你都无法改变那些差距；也许，终其一生你都平凡普通。不过，你生命的意义在这个过程中得以丰富，你生活的姿态在这个过程中变得优雅，你生命的纬度在这个过程中得以延展。

生活不会辜负你所付出的努力，而此刻你为梦想奋斗的每一个点滴终会成就一个闪闪发光的你。当你踏上这条路的时候，你会看到自己的改变。你会变得英勇而无畏，不会再患得患失；你会变得积极向上，不再自怨自艾、孤芳自赏;你会变得谦卑、宽容，不再和生命中的无常较真，并且珍惜身边的一切相逢与离别。

你的王国，需要自己去建立

“一代”是一种奋斗状态，
也是某种生活理念。
无论如何，
也不要失去“一代”的人生态度。

不知道从什么时候开始，慢慢流行起了反心灵鸡汤的文章。这些文章大多像是要通过另一种视角挖掘出事物的本质来。现在很多人觉得心灵鸡汤是麻痹人们思想的毒药，是遮蔽现实问题的安慰剂。

几年前，网上有一篇《寒门再难出贵子》的文章引起了千千万万普通人的共鸣。文章中的某些观点是很有道理的，但也不乏悲观主义者的心理状态。这类文章的确揭示了社会的某种现实状况，也着实给那些家境贫困的孩子们浇了一盆凉水。

文章《最可怕的是，那些“富二代”比你还努力》也着实揭示了一个真实的状况。有钱人家的孩子本身就拥有着普通孩子无法接触到的社会资源，再加上本身的努力，也许普通人打拼一辈子都无法企及。

其实，“富二代”这个词被过度标签化了，这些人也已经成为普通年轻人羡慕的对象。每当有人情绪悲观地抱怨自己不是“富二代”的时候，我就会用“做不了‘富二代’，就做‘富一代’”这样的观点去反驳、鼓励他们，只是他们总是嘲笑我的天真，我也只能一笑了之。若只知道每天去批判某种不公，用社会大环境来安慰自己，甚至用这些作为自己不奋斗、碌碌无为的理由，那你们的人生该这样平庸下去。

罗曼·罗兰说过：“我们在世上只有一种英雄主义，就是在认清生活真相之后依然热爱生活。”我觉得，在这些反鸡汤文章揭示了某种社会现实后，我们依旧应该保持一种冲劲，满怀信心地去努力实现自己成为英雄的梦想，只是这个过程你需要付出更多。

欧飞是我的大学同学，也是我们那时的学生会主席。欧飞来自一个小县城，家里还有两个弟弟。欧飞的父母都是再普通不过的农民。那个时候，接到录取通知书的欧飞本来想放弃上大学的机会，后来还是被父母逼着上了大学。欧飞靠着学校的助学贷款读完了四年大学，平时打工赚一些钱寄回家给父母和弟弟们。

我不知道这四年欧飞是怎么过来的，只知道他心里有一口不服输的气。欧飞不仅要上课学习，还要处理学生会的事务。除此之外，他还要在业余时间去打工赚钱。在如此忙碌的状态下，欧飞还能保持专业第一。

有人问欧飞：“每天这么忙碌，不累吗？”欧飞只是笑笑说：“累呀，但这是我唯一的机会。”

欧飞毕业后和几个朋友成立了 3D 打印公司，成为我们羡慕的对象。每次聚会，大家都会打趣地叫他欧总，但他还是那么谦虚，说自己不过是一个无名小卒罢了。我们其实都知道，欧飞打拼到现在花了比别人更多的精力。

欧飞说：“虽然我们出身贫寒，但这并不代表我们一辈子要贫寒下去，甚至让自己的子女继续贫寒。虽然我们不是‘富二代’，但我们可以成为‘创一代’，成为改变自己人生的领航者。我们的人生还有很多可能，只要我们愿意去改变，就一定会不一样。”

看过《中国合伙人》这部影片的人都知道，俞敏洪从一个农村的无名小卒到创立新东方王国的过程，艰辛而漫长。不过，这样一步一步拼搏出来的彪悍人生也确实该受到社会的推崇。所有的“一代”们都经历了无数挣扎而苦痛的时光，他们都懂得拼搏的艰辛。正是这种艰辛，奋斗才成为一件特别有意义的事。一帆风顺的人生并非是好事，那将会失掉抵御暴风骤雨的能力。

其实，人这一生中最难挑战的是自己，最难超越的也是自己。虽然这个世界充斥着傲慢与偏见、冰冷与残酷，但并不代表就没有年轻一代成长的空间。愿每个人都能成为“一代”，建立属于自己的王国。

人生从来没有最短线路

你总是在选择捷径，逃避风险，
殊不知，
每一次的最短线路，
每一次的避开荆棘，
最终只能让你被社会淘汰。

多年以后，我们终于明白“路漫漫其修远兮，吾将上下而求索”的深意。人生从来都没有捷径可走。你所谓的捷径只不过是在逃避该承担的责任与风险罢了。你年轻的时候选择了捷径，未来的某一天你一定会为这个选择埋单。

女人最大的捷径便是依附。聪明的女人是独立的，靠自己的力量在这个竞争激烈的社会立足。很多时候，你也许并不清楚自己需要什么，甚至不清楚为何要在适婚的年纪里苦苦奋斗。身边的长辈每次见到你总是苦口婆心地教导一番，追问你有没有谈恋爱，准备什么时候结婚生子。如果说没有，你就像犯了滔天罪行一般，在没完没了的责问声中苦不堪言。似乎你的人生都是为了结婚生子而设定，一切都是为了成为贤妻良母而准备。有时候，就在这样的大环境中，女人总是会忘了自己到底想要什么。

也许，很多人都会问你，一个女孩子那么拼干什么？“工作做得好，不如嫁得好。”这句话让多少姑娘在年轻的时候忘记了“奋斗”这两个字。她们甚至被从小教导着要嫁个有钱人，从此以后就能衣食无忧地过着少奶奶般的生活。她们看着韩剧中为世人编造的王子与灰姑娘的爱情故事，欣然地沉醉在麻雀变凤凰的美梦中，幻想着某一天能够遇到帅气、多金，又疼爱自己的男人。殊不知，就在这为自己打造的乌托邦中，消耗了自己的青春。

小露是个相貌、家境都还不错的女孩。毕业后就直接去了家里安排的单位工作，没有多少经济和工作压力，每天过着清闲的生活。有时候大家会聊两句，谈谈自己的未来。那时，小露说自己没什么要求，一切都听家里的安排。她的想法很简单，就是做好一切，嫁个有钱的优质男。那个时候，我特别想告诉小露，这个世界上没有这么好的事情，她口中的优质男根本就不存在。

后来，小露经人介绍嫁给了一个本地的商人，条件很不错。因为他能满足小露做少奶奶的梦想，所以小露辞去了工作，做起了全职太太。只是，没过三年，他们就离婚了。那个男人告诉小露，自己爱上了一个女主播，而且那个女主播在事业上可以帮到他。离婚后的小露惨淡了很多，不仅没了家庭，也没了自己的事业。这个时候她已经三十多岁，错过了打拼事业的黄金年龄。面对突然失去的一切，小露有一种惊慌失措的无力感。此时，她的父母已经年迈，很难再把她捧在手心。

此刻的小露，没了年轻的容貌，也没了职场上的竞争力，甚至还需要靠父母的接济。她说自己开始慢慢懂得了“奋斗”的意义。她说自己想起了《无间道》中的一句台词“出来混，迟早要还的”。她后悔当初选择了一条捷径，而这条捷径让自己丧失了在凶险的丛林中生存的能力。这本就是个弱肉强食的世界，对于女人来说更是残酷无比。她说现在自己已经不想怨恨前夫的移情别恋，一切只怪自己没在最好的年纪去提升自己。

曾经，那个男人本来就是因为小露的美貌而和她在一起。时光摧残了她的容貌，能维系两个人感情的还剩下什么？那个美丽的女主播，不仅有着比小露更加年轻的容貌，而且还拥有庞大的人脉网络。小露的确很可怜，然而这就是赤裸裸的现实。

姑娘，你可以相信这个世界有真爱，但天上不会掉下什么骑白马的王子，还是趁早斩断这种韩剧的美梦吧。童话故事都是骗人的。然而，即使童话故事可以成真，你们也忘记了：灰姑娘能和王子在一起，是因为她本身就是富家千金；丑小鸭变成了美丽的白天鹅，因为它原本就是天鹅；住在森林里的白雪公主能被王子解救，因为她出身就是尊贵的公主。姑娘，如果你无法正视这残酷的现实，忘记了自己应该努力奋斗，一心寻求捷径，那么现实会慢慢将你吞噬。

曾有媒体爆料称，艾玛·沃特森与哈里王子热恋，甚至有望嫁入王室。艾玛巧妙地回应道：“要成为公主，并不一定得嫁给王子。”每个女孩都可以成为公主，而获得这种身份的途径并非要靠另一半的王子身份而获得。请抬起头，在残酷的丛林里勇往直前，拼出一条血路，终有一天，你会站在舞台的中央。

人生没有捷径。如果你在年轻的时候选择了捷径，就必须在中年的时候花更大的力气去偿还曾经的软弱。所以，还是选择一条艰难但心安理得的路吧，当你登上顶峰时，才不会被寒风吹倒，而那里的风景，将是你不曾遇见的美好。

时光不会辜负你的努力

在那段默默无闻的日子里，

我们学会隐忍，学会沉淀。

而我们终究不会被时光辜负。

很多人都会经历这样一个时期：渴望干出一番事业、小有成就，然而现实中却默默无闻、不被人认可、不为外界所知。也许你会在这个时期烦躁不安，也许你会感觉自己的努力都没有什么意义，甚至会自暴自弃。这段不为人所知的时光被称为“蛰伏期”。

一个朋友曾经诉苦说，自己名校毕业，只能打杂，于是心有不甘。他又给我举了一些大学同学的例子，很多人都慢慢有所起步，甚至小有成就，自己却依然在原地踏步。现在的他，像被社会狠狠地泼了一盆冷水，当年的斗志已经全无，甚至有了自暴自弃的念头。

这位朋友很有才华，大学时期创作了不少剧本，自己还拍了一部微电影。大家都以为他日后会顺风顺水，成为独立导演。然而，现实并没有给他想要的一切。毕业后他进了一家著名的影视公司，三年里他不停地跑剧组，为各种“大人物”打杂。他说自己在这个城市里看不到头，不知道何年何月才能闯出一番天地。

曾经在学校被光环所包围，巨大的待遇差距让他满身的挫败，和曾经那个自信满满的他判若两人。于是，这三年所积累的经验和人脉资源，他统统视而不见。

人们总是看不到眼前的挫败与失意的价值。是金子总会发光的，你是“金子”，又何必在乎这一时的暗淡？“潜龙”早晚会腾飞，只是需要时间与等待。沉住气，努力充实自身，沉淀自己。所有的成功都不是一蹴而就的，所有的收获都需要时间的打磨。

在这个信息爆炸、物欲横流的时代，大家所关注的焦点已经不再是努力奋斗的过程。人们盯着那些“一夜成名”“一夜暴富”的人，盯着富豪、明星们所拥有的遥不可及的奢华生活。年轻的人们一度迷失了方向，以为一切都能轻而易举地得到。

然而，我们只是看到了成功者收获的赞美与掌声，只是看到了他们如今的名利双收，却忘记追寻曾经默默无闻、隐忍奋斗的时光。

1984 年之后，导演李安有六年的时间赋闲在家，包揽了所有的家务，带孩子，平时大多时间只能帮剧组看看器材，做些剪辑助理、剧务等杂事。在那段漫长到看不到未来的等待中，家庭开支全都依靠在攻读生物学博士的妻子。

他还记得，每天傍晚做完晚饭后就和儿子坐在门口，一边讲故事给他听，一边等待妻子回家。最痛苦的是，他曾经拿着剧本，两个星期跑了三十多家公司，换回的只是旁人的拒绝与冷嘲热讽。曾经还有一段时间，岳父、岳母让妻子给李安一些钱，去开个中餐馆，这样也能养家糊口，但是被好强的妻子拒绝了。

可想而知，那样的生活对于一个男人来说是非常伤自尊心的。他所承受的巨大压力，自己的、外界的压力，是普通人无法想象的。在妻子的鼓励下，在自己的隐忍中，李安沉住了气，没有放弃自己的梦想，更没有自暴自弃。终于，所有的等待与沉淀都没有白费。后来，李安的剧本得到了基金会的赞助，自己也拿起摄影机。再后来，他的一些电影也开始在国际上获奖。最终，他的《卧虎藏龙》获得了第73届奥斯卡金像奖最佳外语片奖，凭借《断背山》获得了第78届奥斯卡金像奖最佳导演奖，凭借《少年派的奇幻漂流》斩获第85届奥斯卡金像奖最佳导演奖。

李安最终站在了奥斯卡金像奖的舞台，接过小金人的那一刻，多少隐忍化作他那标志性的羞涩一笑。

功成名就的光鲜背后，都有一段不为人所知的时光。荣誉与掌声的背后，有着多少隐忍与挣扎。在默默无闻的“蛰伏期”，请不要自暴自弃，也不要颓废沮丧。时光不会辜负你的隐忍与努力。

我的字典里没有“脆弱”

如果你是一个女人，

那么请忘记这个身份。

请摆脱身上的公主病，

请删除字典中的“脆弱”。

如果你是一个男人，

那么更不该允许这两个字的出现！

莎士比亚曾在《哈姆雷特》中说：“女人啊，你的名字叫脆弱。”实际上，只有花瓶才是脆弱的，无关性别。

2009年的《英国达人》节目落下帷幕时，苏珊·波伊尔的名字不胫而走，这位已经48岁的女人成了英国乃至全世界家喻户晓的人物，她在比赛中获得亚军，带给大家无数震撼与感动，人们都记住了她的自强不息，并亲切地称其为“苏珊大妈”。

出生时由于母亲难产而导致短暂缺氧，苏珊不得不在保育箱里待了几周后才回家，由于她的大脑受到影响，所以这辈子不会有什么成就，也不必抱太大的希望。儿时的苏珊一直是同学嘲弄的对象，并得了一个“傻苏西”的外号，而苏珊这几十年来所做的，就是试图证明那些嘲笑她的人犯了一个大错误。

苏珊一直喜欢唱歌，并梦想有一天能够站在舞台上像明星一样歌唱，但是她的听众只有自己的母亲，一个照顾了她半生、一直给予她温暖依靠的人。苏珊早在 1995 年就试图通过选秀节目证明自己，不过由于主持人的“捣乱”与嘲弄而没能如愿。而促使她再次去《英国达人》寻梦的动力，是 2006 年母亲的去世。

“苏珊，要做些有意义的事来度过人生。”“苏珊，赶快站起来！”

母亲生前说过的那些话时时萦绕在她的耳旁，苏珊终于鼓起勇气走上了海选的舞台。

自从选秀节目开办以来，评委们已经见识到了各路形形色色的参赛者，看着台上这位体态臃肿的乡下妇人，他们以为又来了一个异想天开的家伙。“毒舌”评委西蒙有些疲倦，他随随便便地问了一句：“你的梦想是什么？”“成为专业歌手。”苏珊毫不掩饰自己的“动机”。西蒙强忍住笑，“那你为什么现在还没实现梦想？”“我没有机会，我希望今晚梦想成真。”苏珊平静地说。“你想成为哪位明星？”西蒙明显想嘲弄她一下。“伊莲·佩姬。”苏珊的回答很“老实”。

很明显这又是一个想出名想疯了的参赛者，她的歌声一定和她的外貌一样糟糕，大家都等待着像往常一样一阵哄笑了事。苏珊选的歌曲是音乐剧《悲惨世界》的插曲《我曾有梦》，因为这首歌恰好唱出了刚刚失去母亲的苏珊的感受：虽然寂寞、无助、沮丧，但是我还有梦！前奏响起，苏珊张开了口。

已经做好了哄堂大笑准备的观众们突然听到一阵天籁之音传了过来，整个现场寂静无声，人们都屏住了呼吸，包括评委在内，所有人都被那浑厚而富有感染力的声音吸引住了，过了好一会儿大家才反应过来应该用掌声来表达自己的感动，顿时全场掌声雷动。苏珊意识到观众似乎接受了自己，她看到全场观众一排又一排地站了起来，他们在欢呼，在喝彩，掌声、呐喊声以及跺脚声响彻整个现场，这都是为了自己的歌声。苏珊的精彩表演征服了所有观众，评委毫不犹豫地给了苏珊三个“Yes”，苏珊顺利地晋级了。

美国《娱乐周刊》认为她“重新定义了美丽的标准”。美国金牌主持人戴安娜·索耶称其为“传奇人物”，“脱口秀女王”奥普拉·温弗瑞也邀请苏珊参加自己的节目。人们得知了苏珊的经历之后，纷纷流下了泪水，粉丝们表示很敬佩苏珊那难以想象的勇气。虽然自己受尽嘲笑与奚落，却敢于登上英国最受关注的舞台展示自己，她以实际行动向世人证明了自己的自强不息。

在这个时代，“脆弱”是女性的天敌，是女性时刻都该克服的弱点。你的上司不会因为你是女人而去减少你的工作量，或者给你升职、加薪。在他们的世界里，只有胜任和不胜任，只有权衡利弊。作为员工的你，只能忘记自己是位女性，然后像男性一样去拼搏。

在 19 世纪 80 年代和 90 年代出生的独生子女，生来就享受着父母独一无二的宠爱，被父母捧在手心里视为珍宝。只是，他们从来没有思考过社会是否允许自己承受这样的宠爱。被老板批评了几句就哭着向父母诉苦，然后任性地辞去工作，不计后果地拍拍屁股走人，心想还有父母能养着自己。

不久前，朋友墨晓打来电话，告诉我说她辞职了。如果这是她第一次辞职，那我还能理解。然而，这已经是她第五次辞职了。我记得第一次是因为老板让她加班，而那天正好是她的生日。当即，她任性地留了一封辞职信后，便约上一群朋友去生日聚会了。第二次辞职是因为公司男性员工不够，只能拉着一群娘子军去搬运货物，而她那天正好穿着刚买的高跟鞋，于是她二话没说就直接走人了。第三次是因为家里的爱犬生病，她放了一位重要客户的鸽子，因为害怕被炒就直接申请了辞职。第四次是因为在洗手间辱骂女上司，结果被女上司撞个正着。这次的理由更是任性，她说她累了，想好好休息一段时间。

有时候，我真的想骂墨晓几句。她也是将近三十的人了，可为什么总是这么任性妄为、不计后果？她总是说自己受不了那样的工作压力，受不了看别人脸色的生活，受不了被女上司压制……可是，就在她所谓的这些受不了中，她也在消耗着自己的青春与精力。

年轻的时候可以叛逆任性几回，但如果你还想要在这个社会上立足，就要自己去争取。你必须摆脱身上的“脆弱”，勇往直前。

如果你是女人，那么就请删除你字典中的“脆弱”，然后像男人一样勇往直前；如果你是男人，那么根本不该让“脆弱”这两个字出现。

欲达顶峰，必忍其痛

欲达顶峰，
必忍其痛。
欲戴王冠，
必承其重。

在苏轼的《水调歌头》中有这样五个字：高处不胜寒。随着时间的推移，这五个字已经成了前人警示后来者的良言。不错，高处是不胜寒，但他们没有告诉你，高处的风景也很美。当你攀登到高处时，随着视野的开阔，一切美景都将尽收眼底，而你也能更加包容这世间的万千，无论好与坏，都已经不再重要。

攀登向上的过程，总是有着各种艰难险阻。抵达高处的过程并非想象中那般轻松。尼采说："其实人跟树是一样的，越是向往高处的阳光，它的根就越要伸向黑暗的地底。”欲达顶峰，必忍其痛。你必须看到最黑暗的现实，才能见到最耀眼的阳光。因此，请坚定自己的信念，不要害怕在沿途中遇到的妖魔鬼怪，也不要害怕暴风骤雨的侵袭。这一切都是你必然要付出的代价。

不要尝试凭借他人的力量到达高处，否则只能显现你的不安与软弱。当你依附的那些人摔下山顶时，你也会直接坠下去，并且会更惨，连一丝余地都没有。

很多人不喜欢范冰冰，有人嫉妒，有人不屑。事实是，她确实用超出常人的努力证明了自身的存在价值。她说:“我挨得住多深的诋毁，就经得住多大的赞美。我的所有努力都只是为了让自己掌握主动。别人说好不好不重要，我喜欢就好。我从来就不是为了别人而活，万箭穿心，习惯就好。”从《还珠格格》中的丫鬟金锁到《武媚娘传奇》中的一代女皇武则天，这个逆袭的过程漫长而艰辛，她一共花了十七年。

有人说她没有拿得出手的代表作，只会靠走红毯来博眼球，炒作手法无人能及。可是，她努力工作，用心赚钱，她霸气地说出:“我没有想嫁入豪门，我就是豪门。”试问，有几个女星会说出这样的话语？她选择了一条艰辛无比的道路，不依附他人，自己打拼自己的未来。她可以自由地去选择爱人，就算情变也无非是骄傲地甩手走人。经济和人格的独立，让她没有任何后顾之忧。面对诋毁与流言蜚语，她无所畏惧。

人们羡慕着那些政界、商界、体坛、娱乐圈的新闻头条人物，觉得他们风光无限，享受着鲜花与掌声、权力、金钱、地位与荣耀，然而谁又看到过他们背后的故事？他们是强者，甚至是无敌，但这背后承受的是一般人无法承受的压力。

朋友 B 当上公司的部门主管后，整天向我抱怨自己吃力不讨好。我拍拍她的肩:“这不是你梦寐以求的吗？怎么现在像泄了气的皮球？”她说:“我原以为会风光无限，可哪知道自己现在承担了更大的责任和风险。以前做下属的时候没有这种体会，只要听上司安排就好，其他什么事情都不用管。可是现在不仅要管自己的事情，甚至连手下人没有办好的事情都要一起解决了。还有，我还要周旋于各种莫名其妙的人际关系中！你说我这根本就是自找麻烦！”我问她，“这么点困难就把你打倒了？退缩了？这可不像你啊！既然你想站在最高处指点江山，就必须抛弃世俗的一切偏见，坚强地走下去！”B 耸了耸肩，“唉，我现在是终于明白了那句‘欲戴王冠，必承其重’的意义。”

经过了一段时间的调整，B 慢慢适应了这种工作强度与压力，并且表现得越来越自信。我问她:“B，你现在能接受自己的职位转变了吗？”她飞快地打了几行字:“那是！既然我想戴上那顶属于自己的王冠，那就得保持这种独立和骄傲，承受它给我带来的一切压力与不安，这样我才能主导自己的人生。”她的话语中，带着狮子座的王者风范。

其实，无论是工作还是生活，我们都不要忘记：欲达顶峰，必忍其痛；欲戴王冠，必承其重。渐渐地，你就学会了坦然应对生活中的一切，学会了什么都往肚子里咽。再大的困难咬咬牙，什么都过去了。

就算再难，也不要示弱，这是你自己选择的道路，不要给自己留下任何遗憾。当你决定戴上那顶王冠的时候，就要做好承受它的代价：既然想要登上顶峰，那么就要承受一般人无法承受的痛苦与孤独，如此才能将这世间的美景尽收眼底。

THREE
唯独坚持不能停歇

时间会成全最好的你

时间很神奇，
能够将一个人打磨成
最好的样子。
并且成全一切。

在前行的途中，人们总是急功近利，想证明自己的伟大。然而，成功哪有那么容易？莎士比亚说:“不应当急于求成，应当去熟悉自己的研究对象，锲而不舍，时间会成全一切。凡事开始最难，善终更难。”

2016年的奥斯卡颁奖典礼如期而至，而李奥纳多依旧成了众网民调侃的对象。《泰坦尼克号》中的李奥纳多，稚嫩、青涩，还有些桀骜不驯，而今他身上满是沧桑与疲惫。

陪跑奥斯卡20年的李奥纳多，终于在这一年拿到了属于他的小金人。此前，李奥纳多已经斩获奖项无数，然而他并不满足，他的终极目标是那座小金人。其实，李奥纳多年少成名，在 19 岁的时候就凭借《不一样的天空》获得了 1994 年奥斯卡最佳男配角的提名。21 岁凭借《篮球日记》获得金球奖提名。他因《泰坦尼克号》被众多人所熟知，成为“世纪末的票房炸弹”。之后，他又陆续参演了《逍遥法外》《飞行家》《盗梦空间》等叫好又卖座的影片。这么多年，李奥纳多该得到的都已经得到，然而那座小金人一直是他心中的痛。正因为小金人的缺失，他一直在超越自己。

似乎那些专业陪跑的人已经成了人们茶余饭后的谈资：李奥纳多和奥斯卡、水果姐和格莱美、村上春树和诺贝尔……当李奥纳多终于拿到了小金人的那一刻，所有人都沸腾了——不断努力的他终于得到了属于他的荣誉。最终，时间肯定了他的努力。

有很多人，他们一直都非常努力，但是成功总是姗姗来迟。然而也正是如此，他们在属于自己的世界里寂寞前行，不断超越自我。时间是最好的证明，它能成全一切。

在中国，廖凡一直被冠以“金牌绿叶”的称号，但他一直以主角的态度去对待每一个角色。40 岁的时候，他凭借《白日焰火》斩获柏林电影节影帝，实现了中国男演员在柏林的零突破。他身上所有的隐忍都释放在了这部影片中——警察张自力为破案慢慢靠近那个谜一样的女人，却身不由己被她吸引，最终爱上她。这种矛盾和挣扎全都隐藏于平静的外表下，而廖凡通过自己超凡的演技成功演绎出角色的心理状态。他之前诠释的每一个角色都为他的演技成长铺路，凭着这认真与执着，最终他得到了该有的殊荣。

英国文豪塞缪尔 · 约翰逊编辑的英文字典《约翰逊字典》在欧洲以及美国都是非常重要的参考书，并曾是当年的英语标准。人们说，这部崇高的作品将成为约翰逊永恒的荣誉丰碑，也是其祖国的荣耀，更将惠及整个欧洲大陆文学界。正如他们说的，约翰逊的《约翰逊字典》出版后的一个多世纪里，都没有出现一本真正能与之媲美的字典。然而，这部字典耗费了他九年的时光。

时年37岁的约翰逊，是伦敦出名的万能文人，写作、评论、翻译、编杂志，样样都行。因为父亲生意失败，无钱交纳学费，约翰逊被迫从牛津大学中途退学。因为没有学位，约翰逊无法担任体面的公职。他又不幸患有抽动障碍，偶尔会有不合时宜的怪动作，为贵族做个秘书，也可能被解雇。约翰逊收入不继时只能用妻子的钱。有时自尊心上来了，不愿吃软饭，就跟朋友在廉价酒吧混通宵。

约翰逊之前，如果没有专门的学术机构来辨别单词的用法，想要出版一本字典几乎是不可能的。但是，他认为不需要学术机构来解决语言上的争端，他要自己编纂一部字典。他花钱租下了一个地方，雇用了7个人，建立起自己的“字典作坊”。为约翰逊写传记的作者说，他的阁楼就像一个账房，中间有一张长桌，而负责抄写的人员都站着工作。约翰逊坐在一把快要散架的椅子上，面前是一张老式的摇摇晃晃的文案桌，周围乱七八糟地放着一堆借来的书。

那个时候，除了工作环境艰苦外，还缺少图书馆提供参考文献。于是，约翰逊将80大本笔记进行了分类整理，撰写了4万多条词的定义，并将这些词的多个义项用约11.4万条从各个学科的英语书面材料中摘抄出的引例加以佐证。这些引例来源广泛，从伊丽莎白时代到当时作家的作品都被涵盖在内。与以前的字典编纂者不同，约翰逊对待英语的态度十分务实。

约翰逊干了9年才收工。即将完成前，他的朋友劝说牛津大学有关人士：这般重要著作，应当出自牛津人之手。牛津大学就为约翰逊补了个学位。词典出版10年后，都柏林大学授予约翰逊名誉博士学位；又过了10年，牛津大学为他颁了博士学位。

在这9年中，约翰逊博士受到生活种种打击。贫穷始终追随着他。虽然出版商的预付金按当时的标准不算少，但里面包括了买书、租工作场地和支付助手工资等全部费用。最大的打击是他的妻子在他工作开始后的第六年去世。约翰逊一度心灰意懒，几乎放弃。

《约翰逊字典》终于在1755年出版，有42，773字释义，以114，000个引例说明，这在19世纪《牛津英文字典》（OXFORD ENGLISH DICTIONARY）出版之前，是史无前例的著作。他在字典的序中写道："好奇的读者也许愿知道，作者编纂这本字典时，既无硕学鸿儒可供咨询，有力人士之赞助亦付阙如，既非完成于舒适的宁静书斋，亦乏宏伟学术殿廊之庇荫，而是完成于无尽的窘困、旁骛、疾病、悲苦中。若竟无人赞扬此书，我亦安之若素，纵有一二奖掖之语，对我孤寂清冷的人生复有何益？我的工作再三延宕，直至我最想取悦的亲友均已辞世，成功与失败对我同是空言……"现代编制字典之基本原则，最先由约翰逊所奠基。这时国务大臣蔡斯菲尔德伯爵又向他眉来眼去，约翰逊没好气地写了一封信给他："自鄙人见摒于大人门外，翘首鹄候于大人会客室内，于兹七年矣！大人，七年来鄙人备尝艰辛，而今嗟叹亦无益，鄙人无依无援，大人未曾有一字之慰勉，一笑之恩典，鄙人亦不复抱任何期望，此字典之竣事实未得赞助人之一毫相助。"

功成名就的光鲜背后，是一段不为人所知、默默坚持的时光。在荣誉与掌声的背后，交织着纠结与挣扎、恐惧与退缩。亲爱的朋友，在默默无闻的时光里，请不要自暴自弃，不要颓废沮丧，更不要轻言放弃。请相信，时光不会辜负你的努力。

不开始，就永远不知道自己有多优秀

拖延，是一种病症。

是阻碍你前行的绊脚石，

更是腐蚀你灵魂的慢性病毒。

拖延症比身体疾病还要可怕，它能够在不经意间腐蚀一个人的灵魂，消磨一个人的斗志，最终将这个人彻底击败。

拖延症患者里有一类叫完美主义者。他们总是希望将事情尽善尽美地完成，然而这也是拖延的开始。他们往往不会轻易开始一件事，而是等待时机和条件的成熟。可是这样的等待会让他们最后变得非常匆忙与慌乱，最终无法完成任务。

A 女就是这样一个典型，万事都追求完美。完美主义本来是好事，但是过分的完美也许会耽误事情的进行。有一次，单位让她负责新年歌会。然而，由于她对舞台的布置、灯光等硬件要求都非常苛刻，达不到她的要求坚决不能进行下一阶段的任务。正是因为这样的“完美主义”，耽搁了后续的工作以及彩排，最后在歌会开始之前所有人都变得非常匆忙和被动。

当所有人都抱怨她的时候，她才开始反思自己的拖延症。由于自己过分追求完美，给周围的同事带来了巨大的麻烦，并且差点导致歌会无法如期举行。之后，她说:“这件事以后，我开始允许不完美的存在。我开始意识到自己和别人不可能不犯一点儿错误，我更明白这样导致的拖延是不可饶恕的。我现在才明白真的没有必要事事都讲求完美。”渐渐地，她学会接受不完美，并且办事不再拖延。

如果说完美主义者的拖延症源于近乎苛刻的高要求、高指标，那么颓废主义的拖延症就源于退缩心理。他们往往有着畏惧心理和为难情绪，觉得所有事情都太难，超出了自己的能力范围。于是他们便产生了明日复明日的心理，一拖再拖。

B 女正是如此，遇事总想着退缩。记得有一次，上司让她去采访一位知名企业家，并要写一篇高质量的访谈报告。然而在搜集资料的过程中，B 女产生了恐惧心理，认为自己根本无法完成此任务，到了最后几天她已经烦躁得不再准备了，并决定将这次的采访任务让给他人。上司听了大为惊讶，问她:“出了什么问题？这可是一次很好的锻炼机会呀！你怎么能轻易放弃？”于是她将自己的害怕说了出来:“我觉得自己根本没有这个能力，我害怕失败。”

后来，上司建议她:“你可以把采访人物的内容分为几个部分，将容易的先做好，降低任务的难度。这样稳步进行后推迟自己退缩的心理，就能完成任务了。”后来 B 女按照上司的建议，将企业家的各项资料由易到难准备好，各个击破。最后，她非常完美地完成了这次的采访任务。后来她告诉我:“其实吧，千万不要害怕开始，更不要害怕出错，因为你不开始，将永远不知道自己有多优秀。人往往都会不自信而害怕尝试，更害怕失败。”

当然，还有一种拖延症患者更为消极，即缺乏自信的人。他们认为自己所做的一切都是靠运气。这种拖延症患者要比畏惧者还要糟糕，因为他们根本不打算去开始某件事。

在大学时期,C女的英语非常好，但是她总是缺乏自信。有一次演讲比赛，大家都推荐她代表班级去参赛，然而她一直保持着抗拒的态度，认为自己根本做不到。

后来，拖延了好几天，辅导员找到她，问:“你的英语其实很棒，为什么没有信心？”她说:“我觉得那都是运气，其实我很差劲的。老师，您还是找别人去参赛吧。”辅导员说，“你应该树立信心，把握机会。不要因为缺乏自信而放弃。”就这样，C女被大家催促着去参赛了。

其实，比赛的结果都在大家的预料之中，C女得了第三名。不过，这样的结果让她觉得非常惊讶。辅导员告诉她:“其实，你的水平已经达到了那个层次，只是你自己不知道罢了。”没错，C女的拖延症完全是缺乏自信引起的。如果一开始她就树立信心，认为自己可以办到，也许她能取得更好的成绩。

“明天再做吧”“以后有的是时间”“现在的时机还不成熟”“我觉得我根本没有能力办到”……可是，如果你现在不做，那么你永远都不会做了。

请不要让拖延症占据你的工作与生活。一旦形成了拖延的习惯，你的人生将失去主动权。回想那虚度的青春年华，你会发现很多都是拖延症惹的祸。其实，你本该可以做成某些事，赢得更多的机会，然而就因为那小小的拖延症将一切都断送了。

别让浮躁蒙蔽了你的双眼

浮躁是魔鬼，
在前行中
蒙蔽你的双眼，
扰乱你的双耳。
沉下心，沉住气，
才能稳行高处。

人在年轻的时候总会浮躁，心比天高，认为世上没有什么可以难倒自己。这个时候，他们就忘记了脚踏实地。

R 是我的发小，我们从小一起长大。R 在各方面都很好，就是性格太过浮躁，很难沉下心去做事。比如，我们约在咖啡馆小聚，五分钟后他肯定会心烦意乱，绝对不会留在这个沉闷的地方。也正是由于这样的性格，他也走了很多弯路。

大三的时候，R 告诉我:“古茗，我要考研了。”那个时候我目瞪口呆。其实，R 在我眼里根本不适合做学术研究。首先，他的性格急躁，根本不适合待在实验室。其次，他很多时候都很懒散，并不适合研究生忙碌的生活。我将这两点告诉他后，他突然沉默了。他说，“古茗，我真的有这么差吗？”我说:“我只是觉得如果你想继续读研的话，那么就要克服心浮气躁的弱点。”他看了看我，“你可不要小瞧我。”

出乎我意料的是，他真的克服了自身的弱点，考上了硕士研究生。不过，刚读硕的时候，他又回到原样，心浮气躁，自认为今后的道路将畅通无阻。然而，过了大半年他跟我说:“现在跟本科完全不一样呀，我要整天跑实验室。唉，实验室的生活真的是太枯燥了。”那个时候我跟他打趣:“你以前不是说穿上白大褂，拿着各种试剂瓶很酷嘛！就像电影里的科学家一样。”他瞥了我一眼，“呵呵，我真的说过这样的话吗？那都是各种化学药品，不小心就会中毒身亡的！”我说，“那你现在怎么想的？不想读了，还是就打算混着毕业？”他没好气地说，“古茗，你又小瞧我了！一句话——沉下心，做实验！”

又过了半年，他已经完全进入了科研的状态，几乎没有娱乐时间了。我问他:“R，你现在在做什么课题？”他简单地回了一句:“阿尔茨海默病的研究。”我问，“这不就是老年痴呆吗？”他说，“对呀，我现在看的全是外文文献。看这么专业的英语文献，简直就和看天书一样！”本来我以为他会退缩，问道，“怎么了，被吓到？”不过，他又没好气地说了句，“送你一句话——沉下心，啃英语！”

R 的行动再次让我感到意外，他真的攻克了英语这关。后来我才知道，每次文献读不懂的时候，他就咬着牙慢慢啃，一个词一个词地标注，有的时候看完一篇需要花一两天时间。不过，当他攻克一些文章，对专有名词有了大体的印象后，看英文文献已经不再吃力了。

自从他读研以后，整个人都变了。我不知道是不是科研让他变得细心沉稳了，还是实验室炼就了他的忍耐力。不过，正因为那三年的历练，他取得了不错的成绩。

在经历了一次次实验的失败后，R 有段时间非常崩溃，他说："古茗，我现在都没有什么成果，我很担心毕不了业。"我安慰他："不要放弃，沉下心，稳住步伐。那么艰难你都走过来了，再努力一下，肯定会成功的。"又过了几个月，一天凌晨，R 给我发了条短信 ，"古茗！我测出来了！"那段时间，他带了床被子睡到了实验室，每天与仪器为伴，拒绝一切娱乐活动。

这三年 R 的努力没有白费。由于他那篇发表在国际化学期刊上的关于阿尔茨海默病的论文引起了不小的轰动，后来他获得了美国一所大学的博士全额奖学金，继续他的研究生活了。我问他："这么多年，有什么感想？"他有些不好意思："我只能说，做什么事情都要脚踏实地啊。我一直都记得你给我列的那两条弱点，现在都击破了吧？"

很多时候，人们在面对某些事情时，都希望迅速取得成绩，但是他们忘记了一件事：罗马不是一天建成的。如果心太过浮躁，那么人终究会乱了阵脚，迷失方向。戒骄戒躁，沉下心，沉住气，耐住寂寞，这样才能扎实前行。

如果所有的事情都那么容易，那么人人都是成功者。正是因为很多事都需要付出巨大的努力和代价，交织、掺杂着汗水与泪水，在绝望与挣扎间徘徊、反复，所以最后的成功者必将是那些能沉下心、沉住气的人。

没有谁可以无所不能

谦卑是一种态度，

更是一种修养。

请让自己变低一点，

你将会看到自身的渺小。

谦卑让我们看清自己，并时刻警醒自己:“我们不是无所不能！更不是无敌！请懂得低头，放下傲气！”傲慢是一剂毒药，让我们看不清自己的真实面目，偏离轨道，迷失方向。我们必须告诫自己:“如今的成绩并没什么大不了，根本不值得一提！比起雄鹰，我只是一只雀鸟罢了。”谦卑的人遇事不会怪罪于他人，不会逃避责任，而是反省自身的错误。

前不久，师范大学的王万森老教授因为自己看错课表而旷课，特地写了一份检讨书，并当着所有学生的面在课堂上念出。王教授用“羞愧难当，无可弥补”来形容自己的旷课。后来他自请处分：将这份检讨在文学院公布，以儆效尤。此外，扣除本学期在文学院的全部劳务津贴。

这条新闻赢得了大家广泛的关注，大家无法想象一位74岁的老教授会做出这样的举动。王万森教授身上不仅体现了一个教师的师德，更体现了他谦卑、严谨的态度。他并没有因为资历深而降低对自己的要求，反而比其他老师更加谦卑。

有些人在非常年轻的时候做出了一番成就，但随着时间的流逝，他们变得碌碌无为，无法超越此前的成绩，甚至会出现倒退的现象。人往往在什么都没有的时候很谦卑，可一旦拥有了某些东西后会变得心高气傲、不可一世。其实，如果你在很高处摔过很重的跟头，就会懂得做人要时时如临深渊，如履薄冰。人应该随时都保持着谦卑的态度，因为你不可能永远站在顶峰俯视这世间的一切。

张柏芝在一期节目上说：“我23岁的时候太任性了，所以我一直保存着这两张影碟，做人要懂得‘谦卑’。”张柏芝所说的两张碟，一张是《忘不了》，还有一张是《河东狮吼2》。在她23岁的时候，因为《忘不了》摘下了第23届香港金像奖最佳女主角奖，而她至今都保持着最年轻金像影后的纪录。不过，因为日后的偏离与任性，在她32岁的时候因为《河东狮吼2》拿下了金话梅最烂女主角和金扫帚奖最令人失望女演员。事业的低潮加上失败的婚姻，让张柏芝懂得了沉下心去谦卑做人。节目中，洗尽铅华的张柏芝比以前更美了，而这种美少了一份傲气，更让人亲近。

很多时候，人因为无知而狂妄，以为自己在这个世界上无所不能、无人能及。他们不知道天外有天、人外有人，更不知道自己是多么渺小与平庸。人活一世，最可怕的是看不清自己。

年初的时候，我去了一趟云南。路上，导游给我们讲了一个故事，让我感触颇深：两年前，在他带的团中，一位中年女士丢了一部价值一万元的相机。她怀疑是车上人偷的。于是，这位女士便一个个盘问，而那些被问到的人都慌忙地摇头说不是自己拿的。后来，当她问到一对夫妇的时候，那两个人都没有说话。那位女士并没有罢休，接连问了他们两三次，而那对夫妇一直都保持着沉默，并且毫不理会她的蛮横无理。后来，这位女士告诉车上所有人都要小心这对夫妇，说他们是小偷，偷了自己的相机。渐渐地，大家都远离了这一对夫妇。

就这样，这对夫妇沉默了好几天，连导游都开始怀疑是他们拿的相机。然而，就在最后一天购物的时候，这对夫妇买了大概八十万的翡翠，让所有人都震撼不已。原来，这对夫妇是某地的大老板，身家上亿，只是他们不愿意表露出来罢了。他们可以买下八十万的翡翠，怎么可能屑于偷那一万的相机？导游告诉我们："在这个世界上，最可怕的就是自以为很有钱，然而那些真正有钱的人是不会表露出来的，他们比一般人更加谦卑。"

谦卑是一种修养，更是一种信仰。人这一生最难的就是放下身段，平和地对待周围的人与事。《圣经》中说："凡自高的必将为卑，自卑的必升为高。"越结实的稻穗，越是低头。因为结实的稻穗比较重，稻梗便会往下弯；相反，越不结实的稻穗就越轻，就会特别直。很多时候，越有修养的人越谦卑，越深藏不露，那些越是心高气傲、自以为是、内心空洞的人头反而抬得越高。

保持一颗谦卑的心，你将看到自身的渺小、世界的广阔。自不量力、傲慢无礼必将阻碍你前行的路，让你偏离正常的轨道。

人生需要减法，将名利与成败看淡

沿路的风景很美，

但都美得遥不可及，

像彩色的肥皂泡泡，

一触即破。

人类活动因为欲望开始发展。欲望主导着社会生产、生命延续。从这方面来说，欲望证明了人类的存在，并推动了人类社会的进步。其实，欲望本身并不可怕，只要调节在一定程度内就不会被其左右。

然而，有一个成语叫欲壑难填。有时候人的欲望就像深谷，永远无法被填满。行走于红尘之中，人们难免会对财富、地位、权力、爱情等事物产生无止尽的欲念。欲望越多，人就会变得越迷茫，越看不清自我。当你想拥有更多，而自身又没有承受的能力时，那么你将承担欲望给你带来的后果，你将被欲念所累。

正如弗洛伊德所说，人的本能是被历史条件决定的。欲望作为本能结构的一种，无论是生理的还是心理的，都无法超出历史结构。欲望的功能作用是随着历史条件的变化而变化。由于欲望的有效性是有限度的，因而欲望的满足不是绝对的，所以会不断有新的欲望产生。如果过度释放欲望，那么它的破坏力也是巨大的。

孙萌和吴睿在大学时期就是非常要好的朋友。然而，因为钱，姐妹反目，最终分道扬镳，到了提到对方就咬牙切齿的地步。孙萌很有钱，做一些投资生意。吴睿的生活虽然不是大富大贵，但也算得上小康。吴睿见孙萌的投资生意做得非常成功，就想和她分一杯羹，而孙萌也希望筹集更多的钱去投资。就这样，两姐妹一拍即合。

在投资初期，吴睿赚了一些小钱后非常开心。于是，她想着与其将钱存入银行，还不如都投到孙萌那里。于是，吴睿又向亲朋好友借了些钱，一起投进了孙萌的生意。然而，好景不长，孙萌的投资生意出现了问题：项目老板卷钱走人，所有债都要她一个人去还。这个时候，吴睿整个人都要疯了，每天几乎都睡不着觉。

起初，吴睿觉得孙萌欠了上千万非常可怜，觉得应该帮她。然而，没过一周，吴睿越想越不对劲，她决定向孙萌要回自己的那几百万。然而，这个时候的孙萌根本无力偿还欠款。于是，她整天去孙萌家，一哭二闹三上吊。她还去朋友圈里骂孙萌，弄得满城风雨，人人皆知，让孙萌名誉扫地。她甚至还扬言，如果孙萌不还钱，她就去找人恐吓孙萌的父母和小孩。

最终，要不回欠款的吴睿做了件疯狂的事。她带着一些人，去孙萌父母家大闹了一番，并且在她父母门口贴满了“欠债还钱”的字条。孙萌的父亲因为这件事气得心脏病突发，被送进了医院。那个时候，孙萌忙得焦头烂额，而吴睿的落井下石让她彻底崩溃了。

孙萌没有办法，于是将自己的几处房产便宜处理了，还了吴睿的钱。那个时候，孙萌对吴睿说道："睿，我们曾经那么要好，可是这件事让我看清了一切。这一刻，我们不再是朋友。"同样，吴睿也对孙萌说道："欠债还钱是天经地义的，况且那些钱不是我一个人的。就算我不要自己的钱，我也得替他们讨回来。"

从那以后，她们再也没有联系过。事后，孙萌说："只有当遇到困难的时候，你才明白谁真谁假。"人总是这样，贪恋获得更多的东西。当他们得到某件东西后，就会想要得到更多，永无止息。无论是孙萌还是吴睿，她们陷入了对金钱的痴狂之中，一个欠下了巨额的债务，一个和姐妹反目。

人对金钱的欲望总是无法满足的。一旦得到某些权力后，人们就会受到更大的诱惑，甚至进行权钱交易。钱来得太容易，以权谋私的欲望就会越来越强烈。这是一个无底洞，其破坏力是巨大的，也是具有摧毁性的。因为"欲"字，很多人从此走上了不归路。

也因为"欲"字，他们偏离了轨道，背负了沉重的枷锁。有些事情，一旦触碰了，那么将无法停歇。他们的欲念像滚雪球一样，越滚越大，并且附带着身边人的欲念。最后，当他们后悔的时候，已经无法回头了。于是，这些人带着自己的欲念，还有其他人的欲念，一起走向毁灭。

要过很久，我们才会明白过多的欲望将吞噬一个人，使其迷失。欲望应该适可而止，否则我们将无法感知生命的意义。人们应该抑制那些低级的欲念，并且将那些无法压制的欲念得以升华，让它们推动我们去做更好的事情。

如果一个人的心寻求太多，装得太满，那么他将无法轻松上路。人生应该做一场减法，将名利与成败看淡一些，否则悲凉也将随之而来。

不忘初心，方得始终

不忘初心，
方得始终。
心静如水，
终能抵达。

纪伯伦曾说:“我们已经走得太远，以至于忘记了为什么而出发。”这句话道出了人生的意义，也道尽了人性中的弱点。我们一直都在努力，在社会上我们努力拼搏，在家庭中我们努力做个好儿女、好伴侣、好家长……如此多的身份总会让我们产生某种困惑:我们到底是谁？我们到底为什么这么努力？人生的意义究竟是什么？其实，我们终究是为了生活。

不忘初心，方得始终。在生命的旅程中，我们只有不忘记出发时的信念，最终才能抵达幸福的彼岸。

2015 年 9 月 12 日，李健在自己的北京演唱会上正式向所有人介绍了他默默守护十年的妻子——小贝壳。小贝壳名叫孟小蓓，是一位美丽与智慧并存的女人。在李健 10 岁的时候，他第一次遇见 5 岁的小贝壳。李健的爸爸说小贝壳长得像俄罗斯姑娘，这也让李健记住了她。后来，小贝壳紧跟着李健的脚步上了清华，拿到了博士学位。李健说，歌曲《传奇》讲的就是他的妻子，那是生命中的一种际遇。到底是什么样的女子能让李健如此默默守护？

孟小蓓从来没有在公众的视线中出现过。人们仅凭她微博上的只言片语去了解她。她把生活过成了一首诗，将所有的琐碎编织成美好，将所有的平淡书写成丰富。她的微博纯净而富有哲思，上面记录着生活中的点滴，动人而不张扬。

她说，诗歌是对梦想的守护。她的生活中处处充满了诗意，喜欢用各种“先生”称呼李健。她可以将平淡的浇花时光演绎成浪漫的爱情故事。她说在小园中浇水，昨晚回来的“出差先生”隔着纱窗对她说：“与你在一起的日子才叫时光，否则只是时钟无意的游摆。”她可以将喝咖啡的时光变得温馨而甜蜜。她说：“‘咖啡’先生精心做了一杯极好的‘浓缩’，我就挑了黑松露巧克力搭配。”结婚数年，她依旧保持着那颗少女心。

她爱摄影，懂茶艺，擅烹饪，热爱生命中美好的一切。她可以将草木成画，将花鸟入诗，将音符视作生命中的福音，将写作看成生活中无法预知的探险。她就这样一直在寻求心境的清明。

她低调而温婉，和李健一样对名利有着清醒的认识。当越来越多的人通过微博发现她的时候，孟小蓓便不再更新微博。她深刻地认识到，只有淡出大家的视线，才不会引来非议，才能守住这份恬淡的生活。在孟小蓓和李健看来，一切外在的东西都只是为了最终的生活而已。他们用最初的纯粹去抒写着生命的篇章，没有华丽的辞藻，也没有扣人心弦的情节，只是一首抵达灵魂彼岸的诗篇而已。

曾经，不知有多少美丽的梦想都在生活的琐碎中被慢慢消磨殆尽。不知你是否记得儿时曾经梦想成为一名画家，却因为无法忍受生活的困顿而放弃；不知你是否还记得曾经信誓旦旦地说自己要写一部小说，最后因为无法耐住长久的寂寞便戛然而止。

我们努力打拼，承担着一切，却在这条路上越走越远。我们看着镜子中的自己而恐慌，30 岁、40 岁、50 岁……脸上的皱纹让我们开始害怕岁月的侵蚀，更让我们在岁月中忘记了曾经是为了什么而出发。

我的朋友林森，是一位园艺设计师，有自己的工作室。在他的设计事业达到最巅峰的时候，他却关闭了工作室，决定去乡间居住一段时间。当时，大家都认为他疯了，都觉得他不该错过事业的上升期。后来，他在给我的邮件中谈了自己的想法：

古茗：

你好！虽然大家都不理解我的做法，但我自己有着清醒的认识。那时候，我几乎每天都在接单，每天都为了画图忙到深夜，每天都有忙不完的应酬。我会为了多赚一笔钱而去做我不喜欢的设计，那些都违背了我最初的设计理念。我的理念是简约、创意，可那些客户的要求是华丽、繁复、入俗、迎合大众。我每天都为了这些东西而忙得焦头烂额，甚至忘记了我这么忙碌是为了什么。我没有时间陪伴家人，没有时间去享受生活，更没有时间去品尝一杯咖啡。我发现自己被卷进了一个永无止尽的旋涡之中，无法停止。做设计也有七八年的时间了，我似乎在生活的大染缸中慢慢失去了自我，甚至忘了自己当初为何要坚持做一名园艺设计师。我现在只是想给自己放一个长假，回归生活的常态，找回最初的自己。我知道只有这样，才不会偏离生活的轨道。

祝好

林森

这封信我一直保留着，像是他对这个世界的一个宣言：他没有变。半年后，林森回来了。他开始不再注重订单量，也不在乎金额的多少，而是更加关注设计的理念与产品的灵魂。后来，他因为独特的设计理念而受到了设计界广泛的关注，也因此赢得了许多奖项。媒体采访他时，他只是淡淡地说道：“我只是一直在坚持着最初的自己罢了。”

其实，在这个世界上最难做的就是自己。请记住：在浮华俗世之中，唯有心境清明、不忘初心，方能抵达梦的彼岸。

风暴终有一天会过去，新的远行也即将来临

绝望不是死地，
而是孕育新生的开始。
风暴终有一天会过去，
新的远行也即将来临。

我们都曾有过绝望无助的时光，苦苦挣扎，找不到出路。我们都曾被生活所逼迫，在逆境中硬着头皮坚强地前行。我们都是芸芸众生中的普通人，却也都是生命中独一无二的自己。

2012 年 12 月 19 日，朴槿惠当选韩国第 18 任总统，她也是韩国历史上第一位女总统，她的竞选宣言是:“我没有父母，没有丈夫，没有子女，国家是我唯一希望服务的对象。”这样的竞选宣言朴实而真诚，透着一丝悲凉，却又充满了希望。

朴槿惠的父亲是韩国前总统朴正熙，母亲是前“第一夫人”陆英秀。1974 年 8 月 15 日，朴槿惠的母亲在参加某纪念活动时遭遇枪击，中弹身亡。22 岁的朴槿惠得知母亲被刺杀的消息后便匆匆结束法国的留学生涯，回国后一度代行母亲“第一夫人”的部分职责。然而在 1979 年 10 月 26 日，朴槿惠的父亲在情报部长金载圭官邸吃晚饭时被枪杀。父亲离世后，朴槿惠被迫离开青瓦台，销声匿迹十几年。她拒绝婚姻，她深刻懂得政治家庭的悲剧，更害怕再重演那样的悲剧。

此刻，我们看到的不仅仅是一位政坛领袖，更是一位坚强而勇敢的普通女性。她在自传《绝望锻炼了我》中说:“人活在世上，难免会经历坎坷或吃亏，也有可能经历背叛，这些都是无法逃避的。就像这天气，不可能永远都风和日丽。冷热交替，严寒酷暑，这些都是正常的。”在她质朴的叙述背后是无数次严寒酷暑的煎熬，是无数次日落月升的照面，是无数次孤独寂寞的等待。

当生活将你逼到走投无路的境地后，不要否定自身的价值，更不要畏惧前路的艰辛。你要相信绝处终会逢生，暴风骤雨过后即是风和日丽。“天将降大任于斯人也，必先苦其心志，劳其筋骨，饿其体肤，空乏其身，行拂乱其所为，所以动心忍性，曾益其所不能。”苦难与绝境并非是坏事，而是一个人将被上天委以重任的先决条件。当一个人能够经受意志的摧残与折磨、筋骨的劳累、身体的饥饿、全身的困苦、各种打击的折磨时，才能塑造坚韧的性格，增加前所未有的决心。

只有在经历困苦后，只有在驱车劳顿后，我们才会变得更加坚决、果断。曾经的他们，经历了家庭的变故、朋友的背叛；曾经的他们，在绝境中挣扎，在绝境中逢生；曾经的他们，苦苦寻求坚持走下去的希望，可却求之不得。

一念之间，要么选择毁灭，要么选择重生。

聂鲁达在诺贝尔文学奖获奖致辞中这样写道：“我曾经是诗人中最孤独的人，我的诗歌是地区性的，是痛苦的，阴雨连绵的。然而我对人类却一向充满信心。我从未失去希望。正因为如此，我才能带着我的诗歌，同时也带着我的旗帜来到此地。”虽然历经苦难，但他依旧心存希望。

绝境，也给你带去了新生。你所处的不是永无翻身的死地，而是孕育新生的开始。暴风骤雨终有一天会过去，而新的远行也即将来临。我们终究会踏着往日的灰暗走向黎明，而且是大踏步地走向明日的光辉。

一切痛苦和快乐，终将抵达灵魂的彼岸

当一切繁华与落寞
都烟消云散后，
我们终将看到生命的本真，
领悟苦难的意义，
抵达灵魂的彼岸。

年轻的我们并不明白苦难的意义，更不懂得该如何去面对苦难。我们在苦难面前变得懦弱、彷徨、惴惴不安；我们痛恨苦难，因为它夺走了我们的幸福，让我们胆怯、退缩。可是，我们在苦难中得到了什么？

这是一次关乎灵魂的追寻，也是一次对生命本真的探讨。周国平在谈到苦难的时候说过："苦难与幸福是相反的东西，但它们都直接和灵魂有关，并且都牵涉到对生命意义的评价。在通常情况下，我们的灵魂是沉睡着的，一旦我们感到幸福或遭到苦难时，它便醒来了。”我们一般不会去抗拒幸福，因为它是对生命的美好与愉悦的感知，因为它是肯定生命意义的力量。然而，对于苦难来说，我们一般采取的是抵抗的态度，苦难意味着给人们带去身心的痛苦，意味着对生命意义与价值的怀疑。

上天是公平的，不会让你永远沉浸在幸福的愉悦中，也不会让你遭受永无止境的苦痛，因此我们总是在这两者间不停地转换。年轻的时候，我们将幸福看作生命的意义，将幸福看作人生的终极目标。可是，我们为什么能感知幸福？这源于人生中如影随形的苦难。两者的存在让我们领悟生命的真谛，而这种交替最终让我们抵达灵魂的彼岸。

其实，经历苦难是一个改变的过程，也是一个慢慢认识自己、抵达我们灵魂深处的过程。在这个过程中，我们变得谦卑、宽容，爱这个世界，善待周围的一切。当你体会了食不果腹后，才会发现一碗白粥、一个馒头的价值；当你经历了生活的颠沛流离后，才会发现安稳平静的价值；当你失去了亲人后，与他们有关的记忆才会变得难以忘怀。后来，我们变得不再那么较真，开始接受一切不完美，开始接受生活中的某种残缺。后来，我们开始学会宽容，学会放过那个犯错的自己，学会原谅。后来，我们开始变得慈悲，懂得去帮助那些身受苦痛折磨的人。

苦难让我们在跌落的同时看到自身的平凡，更看到自身的无能为力。不过，在此基础上又让我们变得不平凡，因为我们想去超越，想去证明自己还没有被苦难所打倒。每一个伟大的生命个体背后都潜藏着某些不为人知的痛苦，但这些痛苦并不是你的软肋，而是引爆你斗志和热情的力量。

聂鲁达在诗歌《似水年华》中这样写道：

在双唇与声音之间的某些事物逝去，
鸟的双翼的某些事物，
痛苦与遗忘的某些事物，
如同网无法握住水一样。
当华美的叶片落尽，
生命的脉络才历历可见。

电影《大话西游》里紫霞仙子看着周星驰饰演的至尊宝的背影说：“那个人好像一条狗。”简简单单的几个字，道尽了人生中的悲凉和无可奈何。曾几何时，我们曾经过得连一条狗都不如；曾几何时，我们不得不放弃自己最美的梦想；曾几何时，我们都被现实摧残得体无完肤。不过，这就是苦难的价值——让我们看清了生活的常态和本质，让我们变得不再狂妄自大、不可一世。

时隔多年，周星驰再拍电影《美人鱼》，票房破30亿，成为内地票房冠军，他配得上这个荣誉。他当初跑龙套的心酸，他一路拼搏到现在的艰辛，都证明他值得。白发的他略显沧桑，眼中没有流露出被人捧上神坛的不可一世，而是一种历经人世悲苦后的淡定与谦和。生活就是如此，没有经历过大起大落，没有尝遍生活的酸甜苦辣，最终无法领悟生命的真谛。

此刻，你是否正跌落谷底，周旋于生活的苦痛与荒芜之中？这段经历是你的财富，将带给你人生的真正意义。

我们所经历的一切，无论是痛苦还是快乐，都如同那无法握住的水流，终将逝去。当一切繁华与落寞都烟消云散后，我们终将看到生命最本真的东西，终将抵达灵魂的彼岸。

FOUR
唯独信念不能动摇

感谢曾经的质疑和否定

面对质疑声，
请不要停下前行的脚步，
微微一笑，
坚持自己的坚持，
执着自己的执着。

当你面对质疑声的时候，是否会怀疑自己的选择？是否会因此放弃那个被小心翼翼呵护着的梦想？不用理会那些质疑声，更不要在质疑声中停滞不前。那些质疑你的人，也正是害怕你的人。他们只能永远在质疑中寻求一剂安慰自己的良药，在质疑中凸显自己的伟大和成功，却全然不觉那只会让他们显得平庸与无知。

在这个功利化的经济时代，每一位选择文学、历史或哲学等社会科学作为专业的同学都曾遇到过这样的质疑：你学习文科将来能干什么？学习这些没用的东西以后能找到什么工作？你难道不应该去学点对以后找工作有帮助的东西吗？除了这些质疑声外，当然还有很多否定的声音：不要再这么执迷不悟了，去换个专业吧！理想是美好的，但现实是残酷的，你要好好想清楚！

当你被这些质疑声所淹没的时候，不必在意，轻轻给予一个礼貌的微笑就好。那些声音只是你身处大环境的具象化表现，而你应为自己的执着感到骄傲，因为你在实用主义声势浩大的浪潮中依旧保留着最后一丝对生活的美好期盼。

电影《死亡诗社》中有这样一段话："我们读诗、写诗并不是因为它们好玩，而是因为我们是人类的一分子，而人类是充满激情的。没错，医学、法律、商业、工程，这些都是崇高的追求，足以支撑人的一生。但诗歌、美丽、浪漫、爱情，这些才是我们活着的意义。"在这个世界上，正是那些被人们说来"无用"的东西成了我们的梦想，成了支撑我们余生的力量。我们心疼着美好事物的落寞，心疼这些事物被人称作附庸风雅、卖弄或是矫揉造作。朋友，请一定要相信，这些都能塑造一个人的精神和人格，并将赋予你坚定的信念去面对生活中的风浪与沉浮。

你面对质疑的时候会不会有一丝动摇？也许一两次质疑并不会让你改变初衷，但是如果是一千次质疑，你还能坚持自己吗？人都是脆弱而平凡的，不是铜墙铁壁，很难抵御洪水般的质疑。最终，有的人放弃了，但还是有很多人在被质疑了一千次后走到了最后，成为了更好的自己。

Lady Gaga（嘎嘎小姐）是美国著名流行歌手，她多才多艺，既能唱又能写，《时代》周刊 2010 年将她评选为"最有影响的文化人物"之一，2011

年她被《福布斯》杂志评为“世界百位名人”之首，在2010年第52届格莱美颁奖典礼上她一人获得五项提名，在2011年第53届格莱美颁奖典礼上，Lady Gaga获得“最佳流行女歌手”奖。

Lady Gaga身材矮小，外表也并不出众，但是每次出场，她都会以怪异的打扮、大胆的穿着肆无忌惮地展示个性。如果在过去，“雷人”“另类”“多变”等名词出现在某位明星身上时，也许只能引来别人的嘲讽，但是Lady Gaga却颠覆了这一切，她凭借以上名词当仁不让地成了“流行天后”，其一举一动也成为时尚界关注的焦点。

Lady Gaga依靠数不清的“雷人”造型，吸引了媒体的注意力，最初自然少不了争议，有人说她是炒作，有人说她是为了出风头，有的媒体对她进行冷嘲热讽，Lady Gaga对此一笑而过，用好的音乐回击媒体：“我只听从那些值得我尊重的人的意见，其他的人怎么说不重要。”但是不管怎样，Lady Gaga坚持了下来。而且更难能可贵的是，通过她的音乐我们可以了解到，无论她的那些搞怪造型是否只是噱头，不可否认的是，Lady Gaga拥有着无可争议的实力，而这也使得那些争议逐渐烟消云散，那些“雷人”造型成为她的标志，同时也成为一种时尚。其他一些女明星也争相模仿Lady Gaga的造型，越来越多的人也开始视其造型为一种艺术而不是单纯的噱头。

Lady Gaga引领了一个时代的潮流，媒体因此称她为“麦当娜第二”，Lady Gaga对此并不以为意，她认为自己并没有刻意去模仿哪一位明星，甚至也不会去参考那些时尚杂志，因为跟随时尚杂志恰好说明自己已经落后于潮流，自己的那些时尚灵感全部来自于身边的朋友，也来自于自己对流行文化的体会。Lady Gaga作为欧美流行乐坛最具影响力的歌手之一，以其怪异的穿着大胆地展示着自己的狂野，肆无忌惮地走在时尚的最前沿。

请积极地去面对质疑声，将一切质疑声都转变为肯定，最后你才会真正超越自我。面对质疑声时，你可以怀疑自己的选择，也可以去做一些改变，但请不要因为质疑声否定自我的价值，也不要因为质疑声迷失了方向，或者否定自己的人生。你的人生可以有很多种可能，无论你做什么，都不可能一辈子受到肯定与赞誉，也不可能一辈子风平浪静。人生本来就是在一次次质疑中成长，在一次次质疑中发现自己存在的价值和意义，在一次次质疑中肯定自己、坚定信念。

很久以后，当我们再回想起曾经受到的质疑时，不觉感慨万千。因为被质疑，有的人离开了，有的人坚持了，有的人动摇了，有的人成长了。我们要感谢曾经的质疑和不被认可，感谢曾经的轻视与否定。回想这一切的时候，我们不再困惑和迷茫，不再痛苦和纠结，因为我们已经成了更好的自己。

时光，会还你一个公道

面对无礼的谩骂与诽谤，
请积极地去应对，
浅笑嫣然。
时光，
会还你一个公道。

如何去面对他人的流言蜚语、甚至陌生人的攻击？如何不被某些不负责的言论所伤害？如何坚强地站起来？这都是我们会面临的问题。也许你会觉得自己不是名人，那些谩骂似乎离自己非常遥远。然而，这看似遥远的事情却离我们那么近。

我的朋友薇薇，相貌出众，勤奋努力，并赢得了令人羡慕的职位。不过，随之而来的便是各种漫天飞扬的流言蜚语。甚至有人在公司的论坛里发了

“公司某薇上位的惊天秘密”等诸如此类的文章。除此之外，她每天都会收到一些恶意短信，有恐吓她的，也有谩骂她的，甚至还扬言要打击报复。那个时候，她每天都过得提心吊胆，甚至不敢看手机和电脑，最后关闭了朋友圈，删掉了全部微博。她每天甚至都无法入眠，需要服用大量的安眠药。她说每天上班的时候，感觉暗中有无数双眼睛盯着自己，想要把自己杀死，而自己就这么慢慢地被黑暗吞噬。有一段时间，薇薇由于无法忍受这些流言蜚语，以致精神崩溃，住进了医院。大家去医院看她的时候，她目光呆滞，完全没了曾经的光彩与自信。后来，薇薇离开了那个让她痛苦的公司。

薇薇就是一个被语言暴力围攻的受害者。她没有做伤天害理的事，也没有为博上位做出见不得人的事。只是因为自己的努力和勤奋，在取得了一些成绩后被某些带着妒忌之心的人伺机报复。最终，这些没有缘由的谣言与谩骂，逼得薇薇选择了逃避。当时我问她：“你为此努力了那么久，就因为这些闲言碎语而放弃了一切，值得吗？”她只是抽泣着说：“我已经无力对抗这些言论了。在谣言的散布过程中，我也渐渐怀疑自己的能力，觉得自己与这个职位不相匹配。”

我不禁叹了口气，薇薇的经历不仅是自己的悲哀，也是整个社会的悲哀。如果有些事情是注定要发生的，那么我们该做的就是迎面而上，而不是消极地躲避这些流言蜚语。生活中有太多的措手不及，有时还没来得及回应，一些人就已经被无形的魔鬼所击败。朋友，这不该是你面对困境的方式！

2013年的袁姗姗，一年三百六十五天，每天被网络中的陌生人围攻，被黑得面目全非。由于参演了一部电视剧，而演技没有达到观众的预期，就被推到了舆论的风口浪尖。她就这样从一个还在摸爬滚打的小演员，一夜间成了众人口诛笔伐的热门人物。那时，话题“袁姗姗滚出娱乐圈”整天都被推到微博的热门词条上。无论她说什么、做什么都会被网友攻击。然而，面对这些无端的谩骂，她没有选择“滚”。她说，在网络声中倒下，就要在网络声中爬起来。后来，当她被骂得小有名气时，她就想反正都是骂，与其害怕、恐惧，不如积极地去应对骂声。

一天，她在微博里制定了一条骂的规则，只要是在她那条微博下留言的网友，无论是骂她的、鼓励她的，还是胡言乱语的，她都会捐出五毛钱。24小时后，一共有10万多条留言，捐款金额是50693.5元。这些捐款用作北京一家残疾孤儿康复机构的手术费，救助了4位孩子。当她看着救助的一个女孩能站起来走路的时候，一切都释然了。她告诉自己，谁都可以说她不好，但她自己必须接受那个心安理得的自己。

之后，她在空闲的时候去健身、拉琴，忘却网络中的一切。再后来，她在微博里晒出自己马甲线的时候，众人都惊讶了。她剪了短发，身轻如燕地去面对一切。

2016年1月17日，袁姗姗作为活动代言人出席“UNDP（联合国开发计划署）形象大使”全球征名暨“UNDP熊猫使者”全球招募活动，并史无前例地获得由联合国颁发的“联合国开发计划署熊猫明星使者”和成都熊猫基地颁发的“成都熊猫大使”的荣誉，随后袁姗姗发表致辞，呼吁全球民众关注大熊猫，保护濒危野生动物。2016年1月19日，由联合国促进性别平等和增强妇女权能署举办的年度公益颁奖盛典“2015女性传媒大奖”在京举办，袁姗姗亮相该典礼，并获颁“年度突破女性”。袁姗姗积极乐观的态度，塑造了袁姗姗健康阳光的形象，也受到了来自联合国各方面的关注。

从被全民嘲笑，到马甲线女神，她一步步坚强地走过来，她说希望更多的人能和她一样，主动从逆境中走过来。这个世界还有很多需要大家关心的事去做，需要关心的人去爱。袁姗姗是如此不卑不亢、平和自信。

亲爱的，不知你是否也和薇薇、袁姗姗一样，曾经受到过流言蜚语的围攻？你是否一度在那些谩骂声中迷失自己，甚至质疑过自己？请相信，不是你不好，而是那些不怀好意的人否定了你的一切。没有一个人生来就该遭受这些无端的谩骂，更没有理由去接受这些无端的诽谤。当你遭遇围攻时，要做的就是积极地去面对，用微笑回击。

只有坚强地去面对，你才不会被黑暗所吞噬。朋友，请一定要相信，时间终究会回击那些无聊的人一记响亮的耳光。

谁说高处不胜寒

孤独的凤凰，以她自己的姿态，涅槃、重生。

孤傲的凤凰，站在高枝之上，优雅、耀眼。

面对孤独，何必退让妥协？面对孤独，何必不安彷徨？你以为自己是异类，与他人格格不入，被他人排挤。其实，你只是一只孤傲的凤凰而已。世人只看到凤凰的重生，又有谁看过凤凰的涅槃？她孤傲地活着，远离异群，因为她足够优秀。

有一个朋友在工作中被同事孤立，跑来找我诉苦。她说来到新的单位后，自己表现突出，受到上司的器重，也因此得到了更多的机会。然而，这也为她招致了许多麻烦。渐渐地，她发现身边的同事、朋友离她远去了，甚至会刻意地针对她。他们在一起聚会、游玩，在朋友圈里秀着一起逛街、吃饭的“恩爱”，偏偏就是没有叫上她。她告诉我，她突然发现“优秀”这个词是毒药，是将你陷入不义的罪魁祸首，甚至将你推向万丈深渊。她想改变自己，让自己变得合群，让自己变成一个普通人。

看她那么难过，我有一种无力感。这个社会就是这样，越是优秀的人，越会被众人孤立。越是优秀的女子，就越容易招致非议，也越容易被摧毁。可是，何必要为了迎合别人而委屈了你自己？你可是一只高贵的凤凰啊！他们在背后说你的坏话又怎样？那只能说明你有资本被他们说，有资本引起他们的关注。如果真的不被人议论了，那反倒成了一种悲哀。

看完侯孝贤的电影《聂隐娘》后，我叹了口气。聂隐娘走了，脑海中留下了她孤寂、清冷的背影。影片中“青鸾舞镜”的典故正是对聂隐娘这个角色最恰当的隐喻。国王得到一只青鸾，但鸟儿终日沉默，三年不发一言。有人告诉国王，青鸾看到同类就会鸣叫。于是，国王就让鸟儿照镜子。然而，当镜子拿来的时候，青鸾看到自己的影像后悲鸣而死。这个典故一直贯穿着影片的始终，揭示了“一个人，没有同类”的主题。聂隐娘便是“没有同类”的青鸾，她自幼离家学艺，长大成人后奉命归家刺杀表兄田季安。聂隐娘自始至终都处于孤独中：师傅只是将她当成一颗杀人的棋子；父母与她长年分开，早已没了亲密无间的感情，只留下表面的生疏客气；表哥的身边早已有了别人……孤独的聂隐娘，她只有在镜子中才能找到同类。

可是没有同类又如何？孤独舞镜又如何？难道你一定要生活在同类中，被所有人认可吗？难道你生活在同类中，就不会孤独了吗？答案当然是否定的。凤凰终究是凤凰，到哪里都会受到争议。

舒淇来扮演聂隐娘这个角色再合适不过，而这就像是她人生与情感的写照。早年她为了替家里还债，走了一段弯路，而往事就悄然被掩埋在时光之中。这些年来，她斩获荣誉无数，脱胎换骨。然而，面对舒淇现在的成就，那段无法触碰的往事还是被世俗之人一点一点地挖了出来，成了他们恶意攻击她的把柄。2012年3月20日，舒淇意外地被卷入了赵文卓与甄子丹的骂战。就因为舒淇在微博力挺甄子丹，说他“敬业认真”，从而招来网友的炮轰。那些充满敌意的网友将舒淇成名前拍摄的照片再次翻了出来，并在她的微博上留下不堪入目的言语。最终，舒淇因为受到了如此不堪的侮辱，删掉了所有的微博，取消了所有的关注。直到今天，舒淇微博下的评论依旧只对几位不会伤害她的朋友开放。

舒淇是孤独的，像聂隐娘一样，走着与世格格不入的道路。然而，她又是幸运的，因为她是独一无二的凤凰，无法被人复制与模仿。在回应那些质疑、经受那些打击的时候，有着自己的骄傲。她默默地删除微博，就是在向世人宣战。2015年她优雅地站在戛纳的红毯上，依旧那么耀眼、骄傲。她最终用一个美丽的笑容告诉世人，浴火的凤凰终究会重生。你无法了解凤凰重生背后所经历的一切挣扎。

遇到孤独无援的状态时，不要害怕，也不要退让，保持着自己的优秀，保持着自己的骄傲，让他们说去吧。时间会让所有人住嘴。

那些游离于尘世之外的人，终有一份不为人所知的孤独。他们不需要刻意地奉承这个喧嚣的世界，更无须去讨好任何人，闲言碎语，一笑置之。那些独立于世间的人，孤独地抒写着自己的人生，却散发着耀眼的光芒。凤凰，以她自己的姿态，涅槃、重生。

人总要经历沧桑，才能见到曙光

所有的失败与挫折，

不安与畏惧，

彷徨与胆怯，

终究会成全你的碧海蓝天。

人生是一场马拉松，如果用一时的成功或失败去评判，那就显得有失公允，也太过草率。有一种人，他们不惧失败，始终奋勇向前。“失败”对于他们来说已不再是困难的代名词，而是上苍赠予他们的礼物。

2015 年 10 月 5 日，中国药学家屠呦呦教授与美国和日本科学家共同获得诺贝尔医学奖，成为首位获得诺贝尔科学奖奖项的中国女科学家。

可是，有谁会知道这背后有着 43 年的等待？ 43 年前，也就是 1979 年 10 月 4 日，那一天，她第一次成功地用沸点较低的乙醚制取青蒿提取物，并在实验室中观察到这种提取物对疟原虫的抑制率达到了100%。在此之前，这经历了190次的失败。

也许成功正是如此，总是姗姗来迟，并且乔装成另一番面貌出现在你我的生命之中。这个众人口中的“三无人士”——不是博士，不是海归，也不是两院院士——在这些年里用她的成果拯救了无数人的生命。终于，她在85岁的时候赢得了世界的肯定。

190次的失败意味着什么？很多人经历了两三次失败就会意志消沉、郁郁寡欢；经历了五六次失败也许就开始怀疑自己的能力，甚至怀疑人生。这190次实验不仅仅意味着190次失败，更意味着190次的质疑、嘲笑与讽刺，甚至还有190次要放弃的念头。如果她在做到第190次的时候突然放弃了，就不会有最后的成功，更不会有43年后的诺贝尔奖。

我们应该在屡战屡败后抬头挺胸地站起来，这样才不会让自己卷入软弱的洪流，也不会在这个弱肉强食的社会里失去竞争力，更不会放弃自己的尊严和梦想。

我的大学同学沐沐，长得非常漂亮，家境也非常优越。在所有人都忙着找工作的时候，她一个人往返于教学楼、宿舍与食堂之间备战研究生考试。在别的女生选择逛街、网购、参加聚会的时候，她选择捧着学习资料一个人在天台上学习。那个时候的她褪去所有的光环，素面朝天、T恤牛仔裤，不再是众人口中的女神，转而成了一个追逐自己理想的女学霸。

不过，很可惜，她第一次考研失败了，没有考入理想中的学校。大家都劝她，她家庭条件那么好，而且人又漂亮，根本不需要将精力放在考研上。她说，她不想自己的命运被安排，不想被周围的人看扁，更不想自己被所有人当做什么都不会的花瓶。她选择再次尝试，这需要多么强大的勇气和毅力，因为在这一年中，她必须顶着众人的冷嘲热讽，顶着众人的质疑，甚至她还要面临着再次失败的压力。她后来对我说，那些压力根本就不是压力，而是一种动力。自己都努力那么久了，何必在快要成功的时候放弃？

那年，她在自己梦想的那所学校旁租了一间房子，独自一人踏上了征途。她用这一年看了大学四年都没有看过的书。当她拿到学校录取通知书的那一刻，她跟我说：失败，是上苍的馈赠。她很感激第一次考研的失败，因为失败，让她更懂得奋斗的意义；因为失败，让她更加珍惜这段默默无闻的日子；因为失败，让她成为更好的自己。

其实，失败并没有什么可怕，可怕的是失去勇气和意志，可怕的是从此一蹶不振，就此屈服。朋友，你的人生不该拜倒在失败的脚下。

也许，你会有失败的压力；也许，你会遭受众人的质疑；也许，你会驻足不前；也许，你会在夜晚静静地流泪……可是，当你遭受失败后，请忘记自己的这些弱点，忘记自己的害怕，擦干眼泪继续前行。

你要相信那些生命中的失败都是上苍的馈赠。请放下不安、彷徨、畏惧与犹疑，你终究会在岁月的打磨中成全自己的碧海蓝天。

你可以被毁灭，但绝不能被打败

你可以被上天摧毁，
但永远不要被现实打败。

如果有一天，你发现自己深陷现实的泥淖，被生活的不如意折磨得郁郁寡欢，请不要放弃，更不要停止和这个凉薄的世界抗争到底。一个人，可以被上天摧毁，但永远不要被现实打败。再大的困难，再艰难的岁月都会过去，请不要放弃。

今年，我的老师梁冬教授因为败血症永远地离开了这个世界，终年37岁。梁老师最喜欢海明威的《老人与海》中的那句话："一个人可以被毁灭，但绝不能被打败。"他没有被现实打败，只是天妒英才。

那年他大学刚毕业，因为家境贫寒，在一起 4 年的女朋友因父母的阻挠被迫和他分手。后来，他到农村做了 6 年的中学老师，其间父亲因癌症离世。

他说，那段时间不知道自己是如何度过的，爱人离去，亲人离世，让他明白了很多。他不甘心，他知道只有闯出去才能摆脱现实的困境。之后，他独自一人去了深圳，卖电脑配件。然而，一个家境贫寒、没有任何背景的人想要在这偌大的城市里立足是何其困难。他做了一个让所有人都吃惊的举动——在离开学校 6 年后再次拿起书复习考研，他顶住压力考上了名校的研究生，那年他 26 岁。

在读研期间，当所有人都忙碌着做家教赚钱的时候，他依旧独自一人在图书馆埋头苦读。他很清楚，要想彻底改变命运，自己必须比别人加倍努力。之后，他在研究生时期翻译了一本英文书，同时得到了院里唯一一个保送博士的名额。就这样，他花了十多年时间完成了一个从乡村教师到大学教授的转变。这么多年他所遭受的苦痛、承受的压力都没有击垮他，而是让他更加坚定地前行。

他曾经告诉我们，只要你还有一口气活着，就要和不如意的命运抗衡。永远不要屈服于现实的困境，永远不要被生命的苦痛所打倒。他病重入院的时候，同学们都伤心欲绝地看着他，而他却忍着病痛笑着安慰大家。那时他说，只要还有一口气就不会放弃生的机会，除了被上天摧毁，绝对不会被病魔打倒。尽管他还是永远离开了我们，但他终究没有被打败。

很多时候，我们总是被现实的不如意压得喘不过气来，以为天都要塌下来，甚至失去了活着的勇气。可是，当你努力度过那段时光后，就会慢慢发现其实那些都是小事，只是你缺乏走下去的信念和决心。

同学陈沐的父亲是当地的有名的房地产商，然而几年前因为生意失败欠下了巨款，最后被送进了监狱。陈沐的母亲因为受不了周围的舆论压力，患上了精神分裂症住进了医院。那个时候，陈沐父亲的所有财产都被银行没收，而这就意味着陈沐必须扛起照顾母亲的重担。

后来，曾经那个被众人称作“天之骄子”的陈沐渐渐褪去了傲气与跋扈。每天他除了上课外，不仅要去打几份工，还要回家做好饭送到医院去给生病的母亲。同学们想要帮助他，但被他拒绝了。我们都知道，那个时候对他来说自尊心比什么都重要。

大学毕业后，陈沐开始了艰难的创业历程。他知道，要想父母的下半生能够活得有尊严，自己必须加倍努力才行。在筹集资金的时间里，因为他父亲的缘故，很多人都不愿意帮助他，更不想和他牵扯上什么关系。然而，陈沐并没有因此气馁，而是将自己的方案改了一遍又一遍。他说只有足够真诚才能赢得投资商的青睐。终于，在被拒绝了无数次之后，他得到了老天的眷顾，筹集到了创业中的第一笔资金。经过几年的打拼，陈沐的互联网公司也越做越大，生活也渐渐回到了正常的轨道。之后他将母亲接回了家，每天陪伴在她身边，而他母亲的病情也渐渐好转了起来。

生活中突如其来的打击并没有阻止陈沐与命运抗争，更没有让他自暴自弃、一蹶不振，反而敦促着他勇往直前。陈沐说，其实那个时候他也想过放弃，想过自杀。可是，现实和理智告诉他不可以。如果他走了，母亲就彻底没了依靠，这让本身就自责的父亲怎么办？最终，他咬咬牙还是度过了那段最艰难的岁月。

年轻人，请不要被现实的残酷所打败，更不要因为这人世的凉薄而放弃自己。生命之中的一切都可以改变，只是看你有没有这个勇气和决心。无论如何，只要没有被上天摧毁，你就可以有机会扭转局面，有机会改变自己的命运。

只有专注，才能做到极致

一个人的生命有限，
因此，请将宝贵的时间
花费在最重要的事情上。

在孟子的名篇《鱼我所欲也》中提到：“鱼，我所欲也，熊掌，亦我所欲也；二者不可得兼，舍鱼而取熊掌者也。”这句话强调了如果不能同时兼得两物时，人们该怎样取舍。其实，这也告诉人们好的东西是不能都占有的，就如一山不能容二虎一样。可是，人是贪婪的动物，总是希望能做好一切，甚至能得到一切。然而，当一个人越想将一切占为己有时，他失去的越多。在这个世界上，我们的生命是有限的，我们应该思考的是，如何善用宝贵的时间去取得成功。

在研究生第一堂课上，讲授比较文学课程的教授就跟我们提到了著名的

“二八定律”，而也正是这条定律指导了我三年的研究生时光。

“二八定律”是20世纪初意大利统计学家、经济学家巴莱多发现的。巴莱多在对19世纪英国社会各阶层的财富和收益统计分析时发现了一个重要的现象：社会80%的财富集中在20%的人手里，而其余80%的人只拥有20%的社会财富。这也就意味着在任何事物中，重要的因素通常只占20%这一小部分，其余的80%尽管占多数，但都是次要的因素。所以只要人们能够控制那些重要性的少数因素就能控制全局。

经过多年的演化，“二八定律”被运用于各个领域，例如在管理学中，公司80%的利润来源于20%的重要客户，其余20%的利润则来源于80%的普通客户。这个定律告诉人们：不必将时间和精力花费在琐碎的事情上，而是要抓住最重要的部分。如果一个人能够将自己有限的精力投入到一两件事中，缩小范围，那么他成功的机会将会大很多。

教授花了将近一堂课的时间强调了“二八定律”的重要意义。他说：“不要以为三年的时间很长，其实转瞬即逝。你们总是会产生某种幻觉，认为自己可以在这三年里读遍中西所有的书籍，可那真的是不可能的。你们如果能用有限的时间和精力去钻研一个文学课题，并且朝着这个方向一直深入下去，那么你们将有意想不到的收获。”随着时间的流逝，我越来越懂得这条定律的重要性。

大学毕业那段时间是同学们最迷茫的日子，摆在大家面前的有很多选择：找工作、考研、考公务员、出国……这就像摆放在超市货架上五花八门的商品，毕业生们都不知道该如何抉择。那时候有个非常厉害的同学，她说自己做了几手准备：考公务员、考研和找工作。其实，她的成绩很好，如果考研肯定没有问题的。然而，正是因为选择太多让她显得特别慌乱。经过了国考的失败、考研的失败、省考的失败后，她又焦头烂额地四处投简历，最终她去了一家非常不满意的公司。

大家对她的这个结果都非常诧异，为什么平时那么优秀的她在后面的考试中都失败了。反观有些并不优秀的同学，他们有的考研成功了，有的考公务员成功了，有的出国了，也有的应聘了比较好的单位……其实，相比于其他专注于一个目标的同学，她的目标太多了。正是因为想什么都办到，最终才什么都没有得到。

同学小尹，毕业后开了一家咖啡馆。当时大家都不明白她开什么店不好，非要开一家特别容易倒闭的咖啡馆。然而，几年下来后，小尹的咖啡馆不但没有倒闭，而且生意越来越好。后来，聚会的时候同学们都问小尹店里出售的咖啡有什么与众不同。她笑笑说："其实我卖的咖啡并没有什么特别的，关键问题在于我注重售后服务，而好的售后服务能留住大量的老顾客。"

小尹花了大量的时间和精力在售后服务上。首先，她每个月会给老顾客很多优惠活动，例如买一送一、积分兑换礼物等。其次，小尹非常注重顾客们在咖啡馆里的体验。无论顾客提出什么要求，她都会尽量去满足。如果有顾客觉得身体不适，她会为他们提供毛毯或者体温计；如果遇到雨天，她会在店里准备很多雨具；如果有顾客赶时间需要打车，她会用打车软件提前为他们叫车；如果有顾客的东西需要寄存，她会放到带锁的柜子里去……

小尹说出这些细致入微的服务后，所有人都震惊了。她说："虽然很累，很麻烦，但是这一切都是值得的。正是因为这些让人觉得温暖的售后服务，所以我的咖啡馆留住了大量的老顾客，而他们为咖啡馆带来了直接的经济效益。老顾客的长期光顾是咖啡馆稳定的收入来源，这对利润的提升起着非常重要的作用。当然，老顾客还可以带来间接的经济效益。因为有老顾客的推荐，所以越来越多的新顾客会光顾。有的时候生意都忙不过来呢。其实，他们都是奔着我的售后服务来的。”正是有着这样的经营理念，小尹的店才能在众多咖啡馆中脱颖而出。她并没有将精力投入到吸引新客户上，而是紧紧抓住了那些最重要的老顾客群体。

很多时候，人们总以为自己可以做个超人，面面俱到。其实，这样的想法与做法会分散你的精力与时间，并且很难达到预想的效果。当一个人懂得放弃某件事情的时候，其实他也获得了某种自由。你放弃的那件事或者那段感情，总归会有另一件事或另一段感情来填补这个缺口。

请放弃一些事情，将自己大部分的精力投入在最重要的事情上，这会产生意想不到的效果。有能力放弃的人，也有能力得到。

想成为什么样的人，就能成为什么样的人

积极的心理暗示，
会产生意想不到的结果。
你想成为什么样的人，
就能成为什么样的人！

你想成为什么样的人，你就会成为什么样的人。其实这并非异想天开，而是“皮格马利翁效应”，这源于一则古希腊神话故事。

从前，塞浦路斯有一个国王叫皮格马利翁。他是一位非常著名的雕塑家，但他非常孤僻，不喜欢凡间女子，因而常年独居，生活在自己的小世界里。后来，他夜以继日地用象牙雕刻了一座心中理想的女性形象，将自己的全部精力投入进去，并为她取名为伽拉忒亚。久而久之，他对这座雕像产生了感情，像对待自己的妻子一样爱护她，为她穿上长袍，拥抱她，亲吻她，可是

雕像依旧是雕像。之后，失望的皮格马利翁带着丰盛的祭品来到爱神阿佛洛狄忒的神殿，祈求她能够赐予雕像生命。阿佛洛狄忒被皮格马利翁的真诚所打动，决定帮助他。

皮格马利翁回家后便来到雕像旁边，静静地凝望着雕像。这个时候，雕像的脸颊竟然慢慢有了血色，眼睛开始放光，嘴巴缓缓地张开，露出了美丽的笑容。没想到动人的伽拉忒亚向他款款而来，用充满爱意的眼神看着皮格马利翁，然后便开口和他说话。这个时候，皮格马利翁惊得一句话都说不出来。过了不久，他便娶伽拉忒亚为妻，让她成了塞浦路斯的王后。

美国著名心理学家罗森塔尔和雅格布森正是由这个故事提出了“皮格马利翁效应”，即当人们对于某件事情产生期望的时候，那么在下意识里会产生完成这一期望的效应。也就是说，如果你期望得到某件东西，那么你就可以得到。在做某件事的时候，只要你充满信心，相信事情会顺利进行，那么事情就一定会顺利完成。相反，如果你总是觉得事情会受到阻力，无法完成，那么它就一定会受到阻碍。其实这就是一个培养自信的积极的心理暗示过程。

后来，罗森塔尔和雅格布森将这个理论在小学教学上予以验证。他们来到一所学校，问校方要到了全部同学的名单。后来，他们写了 18 个同学的名字交给校方，并且认真地说:“通过严格的筛选和测试，这 18 名同学都有着过人的智商，只是现在还没有在学习中表现出来。只要你们能够加以培养，那么他们一定能变得特别优秀。”过了大概半年的时间，他们又来到学校，发现这 18 名同学进步神速，成绩超出了一般同学。很久以后，这 18 名同学都在不同的岗位取得了非凡的成绩。

其实，这 18 名同学都是从名单里随意抽取出来的，并不像罗森塔尔他们说的有什么过人之处。可是，为什么会有这样的变化？正是因为积极的心理暗示。老师们都认为这些同学是天才，所以更加喜爱和关注这些同学，给他们更多的期望，通过各种方式告诉他们“你很优秀”“你比别人突出”。正是如此，老师积极的暗示和鼓励产生了某种激励作用，让这18名同学加倍努力，从而取得了好成绩。这种积极的心理暗示可以运用于各个领域：家长可以鼓励孩子，伴侣可以互相赞美，老板可以激发员工的潜能。

有两位女士，起初她们的丈夫都比较普通，但是经过10年后，两者表现出了不同的结果。A总是数落丈夫，说他没出息，事业上不努力。然而B总是鼓励丈夫，支持丈夫的梦想，觉得他一定会成为非常厉害的人。渐渐地，在B的鼓励下，丈夫觉得自己可以为她撑起一片天，可以在事业上成为特别厉害的人，于是之后便发愤努力，不断学习，最后成为公司的总监。然而，在A的整天数落下，她的丈夫总是郁郁寡欢，喜欢去外面喝酒打牌，最终A与丈夫离了婚。

期望和赞美能够产生奇迹。无论是对身边的亲人、朋友，还是自己，请给予积极的心理暗示，因为这会带来不一样的效果。你要相信，你想成为怎样的人，那么你一定可以成为那样的人。

你永远不知道紧闭的门后藏着什么好东西

很多人说过，

在那扇通往新世界的大门后面，

是我们从未见过的美好。

然而，当他们尝试了无数把钥匙后，

最终还是放弃了。

站在新世界的门口，人们总是满怀希望和信心，认为立刻能看到那个无与伦比的世界。只是，在尝试了无数把钥匙之后，有些人选择离开，以为一切只是徒劳，那根本是扇打不开的门。人越来越少，留下来的人渐渐感受到了无尽的压力和孤独。他们看着离开的人走向那些已经被前人开启的世界，默默坚守着自己的坚持。他们不知道还要尝试多少把钥匙才能打开这扇门，只是怀揣纯粹且美好的梦想，孤注一掷。其实，人生就是一场豪赌。结局只有两种可能：要么成功，要么失败。

托马斯·爱迪生说："我们最大的弱点在于放弃。成功的必然之路就是不断地重来。"经历了无数次的尝试和失败后，他发明了灯泡。成功者都有着异于常人的意志力，并且忍受一切压力与孤独。

苏格拉底曾给学生们上过一堂非常有趣的课："我有一个非常简单的要求，请将你们的手臂尽量向前甩，然后再尽量向后甩。"他示范了一遍，接着说道，"从今天开始，请大家每天坚持甩 300 下，能做到吗？"学生们全都信心满满地答应了。

然而，一个月后，苏格拉底问道："你们还有谁每天在坚持甩手？"话音刚落，有 90% 的同学骄傲地举起了手。又过了一段时间，当他再问还有谁在坚持甩手臂的时候，有 80% 的人举起了手。当一年过去了，苏格拉底再问有谁在坚持做这个动作的时候，只有一个学生举起了手，而他就是柏拉图。

在一开始，很多事情都很容易办到，甚至每个人都可以办到。然而，最难的就是你是否有顽强的意志力日复一日地坚持走自己的路。人们都曾经立志去做某件事，例如健身、学英语，可他们一旦遇到了一个又一个困难，又是一批又一批人选择了放弃。

每个著名的作家都收到过无数的退稿信，优秀的作品并非一蹴而就，他们都坚持着走过了一个又一个弯路。

一位编辑曾这样评论马塞尔·普鲁斯特的《追忆似水年华》的意识流："乖乖，我从颈部以上的部位可能都已经坏死了，所以我绞尽脑汁也想不通一个男子汉怎么会需要用三十页的篇幅来描写他入睡前是怎样在床上辗转反侧的。"

纳博科夫的《洛丽塔》曾收到这样一封退稿信："作者实在应该把自己

的想法告诉他的心理医生……有些段落写得不错，但是会让人吐到爬不起来……整本小说从头到尾都沉溺在一种堕落的氛围里面……作者常常写着写着就陷入了一种像精神病一样的白日梦，情节也跟着混乱了起来，特别是那些有关逃亡的剧情……最后的结局——主角好像把自己变成了野人一样，好可怕……我建议不如把这本小说用石头埋起来，一千年后再找人出版。”

约瑟夫·海勒收到的退稿信是这样的：“你到底要说什么！简直有辱智商。”

劳伦斯的《查特莱夫人的情人》的退稿信如此写道：“我是为你好才告诉你‘不要出版这本书’。”

看了这么多“毒舌”编辑的退稿信，如果是一般人，他们肯定会怀疑自己的写作水平，或者直接会放弃自己的作品，认为那确实一文不值。

我记得自己开始投稿的时候，一个月内连续收到了十二封退稿信。印象最深刻的就是有个编辑将我写的小说作为反面案例分享给了大家，然后引发了其中成员激烈的讨论，最后以各式各样的嘲笑结束。我曾一度怀疑过自己，认为自己并不适合写作。只是当我不再畏惧退稿的时候，写稿成了一件非常愉快的事情。渐渐地，当一些编辑向我伸出橄榄枝的时候，我才发现自己的坚持是有价值的，起码在某种程度上历练了自己。

迈克尔·乔丹说：“我可以接受失败，但我不能接受放弃！”这个世界上没有不劳而获，更没有守株待兔，有的只是屡败屡战的坚持与勇往直前。你以为成功很简单，其实那背后汇集了孤独、泪水、绝望与放弃，当然还有坚持、勇气、忍受与信念。

无论怎样都不要怀疑自己的能力，动摇自己的信念，往往就是那最后一把钥匙成功地打开了新世界的大门。

做他人不做，想他人不想

最终脱颖而出之人，
大多都是做他人不做，
想他人不想。

美国管理学家韦特莱提出韦特莱法则：成功者所从事的工作，是绝大多数的人不愿意去做的。要先有超人之想，后有惊人之举，能不落俗套，可不同凡响。

你能做到的，别人也可以做到。但是如果选择别人不愿意去做的事情，或者看不起的事情，那么也许会冲出重围。当所有人都投身某一件事的时候，千万不要冲上去，因为比我们能力强的人大有人在，而我们最终只能成为炮灰。

几个实习生到某家影视公司实习。上司给他们分配了实习任务：参加电影发布会、采访明星、布置记者招待会、留在公司里接听客户电话。前几个任务纷纷被同学们抢光了，只留下最后一个任务。最后，小江接下了这个任务。

同一个学校的小文问她："你傻啊，干吗不去抢别的任务呀？其他都是接触明星和媒体的好机会，你留在公司里接电话，根本没有什么机遇呀。"小江不慌不忙地说："唉，我觉得你们更能胜任那些工作，与其抢着做那些，还不如做这个最基本的工作呢。"

三个月过去了，当其他同学都奔波于各种活动的时候，小江只是默默地坐在办公室里接听电话，记录客户的要求，以及回答明星经纪人的各种问题。此外，她还整理了各大活动的资料，以及所有活动的注意事项。就这样，她学到了很多最基本的东西。相反，那些参加各种活动的实习生，虽然表面上风光无限，却只是白白跑腿而已。

在实习期过去后，公司要选出一个较优秀的实习生留下来。这个时候，让所有人惊讶的是，上司留下了小江。当大家都疑惑不解的时候，上司说："在一次与客户交谈的过程中，小江成功地向客户介绍了公司的项目，并且让客户非常满意。正因为这样，她为公司赢得了将近一百万的投资。"

每个人都想成功，但在真正面对现实时，许多人又表现得畏惧和退缩。在一些困难面前，他们会觉得那并非常人所能办到，自己没什么指望。所谓成功者，就因为他们做了别人不愿做的事情，并且全身心地投入了。因此，你就是少了那点勇气。

美国内战结束后，法国记者马维尔去采访林肯。马维尔问道："总统先生，据我所知，上两届总统都想过要废除黑奴制度，而且在他们那个时期也起草了《解放黑奴宣言》，但他们并没有签署它。请问总统先生，他们是不是想把这一伟业留下来，成就您的英名？”林肯答道：“可能有这个意思吧。不过，如果他们知道拿起笔仅仅需要一点勇气，那么他们一定会非常后悔的。”马维尔一直都没弄明白林肯话中的含义。

林肯去世50年后，马维尔才在林肯致朋友的一封信中找到了答案：林肯的父亲以较低的价格买下了西雅图的一处农场。因为上面有许多石头，所以主人才低价售出。有一天，林肯的母亲建议将上面的石头都搬走。父亲说：“这些石头都是小山头，与大山相连接。如果能搬走，农场主怎么会以这么低的价格卖给我们？”有一年，在林肯父亲去城里买马的时候，母亲带着他们去农场劳作。母亲对他们说：“我们一起将这些烦人的石头都搬走吧！”于是，他们开始挖那一块块石头。让人意想不到的是，这些石头并非如父亲想的那样是山头，而是一块块孤零零的石头。他们仅仅是往下挖了一英尺，就发现石头可以晃动了。

成功就藏在那些别人不愿做的事情里。正因为别人不愿意做，或者不敢做，或者不屑于做，你才离成功又近了一步。那些脱颖而出的人，都做了他人不做之事。

FIVE
唯独突破没有极限

强者从来不怕冒险

因为敢于冒险，

所以探险家们打开了一扇扇

通向新世界的大门。

在他们的眼中，

人生从来就不是规避风险。

当人们都不约而同地选择了相同的道路、相同的生活轨迹、相同的发展模式时，有些人却选择了不一样的人生。当然，你会说不走寻常路是有风险的，是要付出代价的。

其实，冒险是成功的重要因素，敢于冒险的人要比一般人更靠近成功。海尔总裁张瑞敏说："如果有 50% 的把握启动，有暴利可图；如果有 80% 的把握启动，最多只有平均利润；如果有 100% 的把握启动，就会亏损。"我们将所有冒险的因素都排除掉，也就将成功的因素都排除掉了。如果一个机会不伴有风险，那么所有人都会去选择，而这也就不是机会了，仅仅是被大众分割的一块肉罢了。如果你不敢去尝试风险，意味着你要永远平庸，甚至是被人替代。然而，愿意冒险的人只占人群中的少数。大多数人无法承受大起大落的人生。

无论是阿里巴巴的马云、腾讯的马化腾，还是百度的李彦宏，都是第一人。如果他们在冒险的时候总是想着失败和风险，就不会创立自己的王国了。

一天，两个农民挑着同样的苹果去集市上卖。A 对 B 说："我们今天到城西去卖吧？城东有太多卖苹果的人了，这里竞争太大。"B 说："还是算了吧，城西我们都不熟悉，如果那里也有很多人卖苹果怎么办？你看城东的环境我们都熟悉了，遇到事情还能找人帮忙。况且，我还有很多老顾客呢。"A 无奈地说，"可是，城东都饱和了，我们应该开辟新的水果市场。"B 说，"城西那么远，我可不敢冒这个险。"

后来，A 说不动 B，于是自己挑着苹果走到了城西。城西果然没有多少人卖苹果，而那里的人多赶到城东的水果市场去卖。渐渐地，人们发现他的苹果价格优惠并且和城东的苹果一样好吃，生意也越来越好。之后，一天下来，他卖掉的苹果是 B 的四五倍。与此同时，在夹缝中生存的 B 却屡屡亏损。

当我们看到 A 与 B 不同的命运时，要思考的是：看似没有风险的处境其实危机四伏。相反，敢于冒险的人生才会有所突破。

如果不曾有一颗冒险的心，人们如何发现新大陆、开辟新的国度？如果不曾有心怀冒险的精神，人们怎会离开地球、探索外太空的文明？冒险意味着探索未知，也意味着更多的可能。

人们选择去挑战一项极限运动的时候，其实也在发现自身的可能性。我们在冒险的过程中打破一切偏见与陈规，更在冒险的过程中认识自我、完善自我。当一个人害怕冒险、害怕尝试的时候，他将会错失很多机会；当一个人害怕失败、害怕大起大落的时候，他也将错失更美丽的风景。

然而，冒险并不代表空手进树林和老虎搏斗，毕竟你不是武松。冒险也不是大闹天宫、三打白骨精，毕竟你不是孙悟空。冒险意味着前期的考察与学习，更意味着某种创新过程。人们只有在自己的知识储备和经验积累到一定阶段的时候，才有那个资本去冒险，否则一切只是莽夫之举。冒险不仅仅让我们接近成功，更让我们在接受某种挑战后获得思考：人生的意义到底是什么？是安于平淡还是接受挑战？

对于生命，我们不妨大胆一点，因为它终究是要消逝的。如果有什么可以握住的，那就是曾经在途中的曲折与颠簸。将船驶向未知的海洋是一场华丽的冒险，因为我们将面临恐惧与死亡，未知与挑战。然而，也正是因为那一次次的冒险，我们打开了新世界的大门，看到了不曾看过的风景。

世界没给的，我们自己给

在暗淡无光的日子里，

不要灰心丧气。

请相信，

每一个生命个体，

都有其存在的价值与意义。

很多人都经历过这样一个阶段：做什么事情都觉得没有意义，甚至会否定自己的存在，认为自己在这个世界里就是多余的个体。他们大多都活得非常累，受累于这个社会的某种精英价值，甚至认为自己所做的工作根本无足轻重。

现实非常残酷，因为它总是偏爱精英和英雄。尽管如此，但如果社会里只有精英和英雄，那么他们的存在也是毫无价值的。这并不是一种自我安慰。

电影《雨果》中有这样一句台词:“我把整个世界想象成一个大机器——机器从来没有多余的零件，只有所需要的零件。所以，如果整个世界是一个大机器，那么我就不可能是多余的零件，一定有存在的理由。也就是说，你也有存在的理由。”当时，这句话对我的触动非常大，因为这句话是对一个人存在的肯定。如果一款机械钟少了一个零件，那么它就是报废的;如果一列飞驰而过的火车少了一颗螺丝钉，那么它也许将车毁人亡;如果电视剧里少了那些路人甲乙丙，那么主角的存在也是没有意义的。

很多人都觉得自己只是个小人物，对这个世界没有任何价值和意义，少了自己地球照样运行。不过，这样的认知并不利于你的前进，只会让你产生某种悲观的情绪。我承认，相比于宇宙，每个人都是渺小的，但不能以此贬低每一个生命个体存在的价值与意义。

电影《阿甘正传》的主人公阿甘，小时候有一个房客住在他家和他跳舞，而那个房客就是猫王。之后，阿甘参加了越南战争。作为乒乓外交的使者，阿甘来到了中国，并为中美建交起了重大的作用。更令人意想不到的是，阿甘无意中迫使潜入水门大厦的特工落入法网，导致尼克松总统下台。阿甘甚至启发了约翰·列侬最著名的歌曲，参加了著名的反越战集会。后来，他参与了阿拉巴马大学黑人入学事件，化解了种族危机。当然，他还咬了苹果，成为苹果公司的标志。虽然整部影片有些戏剧化，但它着实肯定了一个小人物在历史进程中的作用。

就算你的职业再普通，就算你的人生再平凡，但你依旧是某种机制里不可或缺的一部分。无论你处在什么岗位上，扮演着什么角色，你都是这个时代不可缺少的一分子。

在我的家乡盐城，有一种鸡蛋饼非常有名，几乎是很多居民必备的早饭。

我上小学的时候有一个阿姨就一直在校门口做鸡蛋饼，生意非常好，因此要想吃到她的鸡蛋饼得提前半小时上学才行。小学毕业后，我就很少再去那里吃她做的鸡蛋饼了。几年前一个偶然的机会，小学同学 R 跟我说："古茗，我们去吃以前那个阿姨做的鸡蛋饼吧！"我惊讶地说："我们的小学都搬走了，那个阿姨还在那里做鸡蛋饼吗？"他笑着说，"谁跟你说学校不在了，阿姨就不做鸡蛋饼了？"

于是，那天早上，我们早早地来到原来的校址，远远地就看到阿姨正忙碌着。R 跑过去说："阿姨，给我们做两个饼，都加两个鸡蛋，一根火腿肠，不要香菜，多放辣椒。"阿姨看了他一眼，笑道："小伙子，我还记得你上小学的时候每天来这里吃鸡蛋饼来着。"顿时 R 的脸唰地红了起来。我笑着说："哈哈，原来阿姨还记得你呀。"他不好意思地说道，"对呀，那时我家就住在学校旁边，方便嘛。"突然，旁边有一个跟我差不多大的姑娘说："你们也是这个小学的吗？"我说："对呀，你也是吗？"她激动地说，"对呀！我今天特地来阿姨这里买鸡蛋饼，就她做的鸡蛋饼最好吃！"这个时候，我有一种说不出的感觉。原来还有那么多人都记得阿姨的鸡蛋饼，并且都专门赶过来吃她的鸡蛋饼。

有时，我们会怀念某种味道，是因为我们怀念曾经的年少时代。阿姨已经做了二十多年的鸡蛋饼，而她的饼也蕴含了不一样的意义。那位阿姨和鸡蛋饼就是某种价值所在，代表了一群人的童年时光，也见证了这座城市的变迁。

也许，你觉得自己只是芸芸众生中的一员，微不足道，但你并不知道自己在某个人的心中有多么重要的意义和价值。亲爱的朋友，请相信自己存在的价值，你会爱上这个世界。

别为了“安全感”，错过了最好的人生

为了寻求一份安全感，
你选择了稳定；
为了寻求一份安全感，
你选择了退缩。
那么，你的人生到底还剩下什么？

不知道为什么，我们的生活总是被“安全感”“稳定”这些词所充斥。在大多数人选择工作的时候，“稳定”会成为某种近乎神圣的东西。过来人总会告诉我们：一个“铁饭碗”能让人生少一些颠簸与周折。

现在很多人都将房子作为最大的安全感。特别是去一线城市打拼的年轻人，也许房子成了他们毕生的追求与目标。他们看着一线城市高不可攀的房价，只能长长地叹口气。在今后漫长的人生中，他们也将大部分的收入投进了房子之中。在买房前，小两口总是会去浪漫一下，定期看电影、去高档餐厅消费、出国旅行……然而，为了房子，大家放弃了一切生活，甚至放弃了爱情。

姑娘们结婚不再是因为爱情，而是对方有房有车、工作稳定。也许你会跟我说："姑娘，别傻了，没有面包的爱情还是算了吧，你愿意和一个穷小子颠沛流离地过一生吗？居无定所，整天搬家？"这是多么现实的问题。诚然没有面包的爱情像肥皂泡，一触即破。然而，没有爱情只有面包的婚姻更加可怕。

当然，你又会反驳我："姑娘，感情都是可以慢慢培养的。到处都是先结婚后恋爱的人，怕什么没感情？"原谅我的无知，原来在你眼中这就是婚姻。不过，我也会清楚明白地告诉你："对不起，你可以做到，但我做不到。"

小爱是我的高中同学，前一阶段刚刚结束了与大学同学方俊的7年恋爱。她过来找我聊天："古茗，我真的非常痛苦，和方俊分手就像是自己的心被割去了一半。"我问她："为什么不坚持？你们都在一起7年了，怎么就放弃了？"她只是淡淡地说了句，"我妈觉得我已经到了结婚的年龄，而方俊现在还是个穷小子，根本无力建立家庭。我妈让我趁现在还年轻，赶紧挑一个条件好的嫁了。"

听了小爱的话，我苦笑着问她："在你妈妈眼中，到底什么才是条件好的？"她也苦笑道："有房有车、工作稳定。"我反问她，"你是不是不相信方俊日后能给你带去幸福的生活？"小爱只是淡淡地回答，"古茗，我已经向妈妈妥协了，也向现实妥协了，我不想过没有安全感的生活。"后来，小爱听从母亲的意见去和一个什么都有的男人相亲，最后不到半年就结了婚。结婚那天，同学们都去了，唯独没有方俊。

婚后的小爱过得并不幸福。她总是回忆起与方俊这 7 年走过的点滴，觉得那是她这辈子最幸福的时光。那个时候，他和她一起挤公交，一起在路边摊吃着手抓饼，一起在寒冷的冬天压马路。虽然现在老公可以开车接她上下班，可以带她出入高级餐厅，可以给她买任何她想要的东西，但他们之间并没有爱情。小爱不知道自己到底嫁给了什么，也许只是嫁给了某种所谓的“安全感”，然而这并不是她想要的。

我能理解小爱的选择，也明白她母亲的苦心。父母花了那么大的精力将女儿培养成人，而女儿甘愿和一个穷小子在一起浪迹天涯，他们根本无法接受。然而，他们并没有考虑爱情这件事。

还有很多朋友，因为要寻求一份“安全感”，在 20 多岁的时候就过上了 50 多岁的生活。这种生活是人人都羡慕的，但是这少了一种鞭策，更少了一种恐惧。正是因为恐惧与害怕，人们才会不断激励自己努力攀登，让自己变得更加强大。然而，“安全感”正是阻碍你向上攀登的某种因素，甚至让你失去了某种斗志。

“安全感”本身无可厚非，这是一种没有大起大落的生活状态，也不会让一个人有太多负担。然而，如果年轻人的生活被“安全感”所捆绑，甚至向它委曲求全，放弃最珍贵的人和事，那么“安全感”就不该被推崇。

不留退路，才能赢得出路

余地，意味着懒惰；

退路，意味着安全。

请勇敢一次，

切断自己的后路，

你将拥有不一样的人生。

其实，阻碍我们实现梦想的正是我们所留下的余地和退路。这些余地与退路成了我们的保护伞，让我们丢失了孤注一掷的勇气。没有回头路与避风港，才能激发我们的潜能，从而义无反顾地去坚持心中所想，完成心中所念。

我有一位身家上亿的叔叔。也许，你的第一反应就是，他肯定是从20多岁起家，然后苦苦打拼了30年才到如今这个样子。又或者你会觉得，他只是运气好，凭借上一代的财富积累才有了今天的成绩。其实，在将近40岁的时候，这位叔叔厌倦了小城市里稳定的工作与生活，不顾家人的反对，辞去了银行的工作。其实以叔叔的能力，再过几年就能坐上当地某银行行长的位置。他只是留了一句话："我的人生不该局限于此，还应该有更广阔的发展空间。"后来他去了上海，租了一个房子学习英语。他将自己关在屋子里三个月，除了叫外卖，便不再和外界任何人接触。这一切都是为了全身心地投入到英语学习中。后来，他去了美国深造。

他说："正是那个疯狂的决定让我成功突破了英语。你想，我将近40岁辞职了，这代表我没有任何退路了。头顶上就像悬着一块大石头，而我时刻都有被砸到的可能。每天背英语背到吐的感觉，我也实在佩服自己。"

一个中年男子放弃了稳定的工作，去做这些"不靠谱"的事情，会被多少人嘲笑？他从美国回来后，凭着之前在银行的工作经验以及海外的背景，留在上海搞金融。十几年过去了，他在金融圈已经小有名气。当人们问他成功的秘诀时，他只是简单地答道："不要给自己留后路，否则你永远都无法突破自己。"

如果是一般人，肯定不会像叔叔那样放弃已有的稳定生活。然而，切断退路意味着自己要重新开辟一条路，这中间充满了不确定和风险，而能做到这些的人都非普通人。既然你心里有欲望去做某件事，那为什么不去尝试？如果因为害怕而不去尝试，你又怎么知道自己可以做多少？很多人在做某件事情的时候都会为自己设限，忧心忡忡，权衡结果的好坏。可是当你设想出100种坏的结果后，你就已经失去了做成这件事的动力和决心，被限制在某种条框中不能自拔。

古希腊著名的政治家、演说家和雄辩家狄摩西尼在年轻时候为了提高自己的演说能力，躲进一个地下室练习自己的口才。然而，他因为耐不住寂寞，总是想离开地下室出去转转。一段时间后，他发现自己的心总是被外界的事物所牵扯，根本没法静下来练习。就这样，他狠下心用剪刀将自己的头发剃了一半，成了非常奇怪的“阴阳头”。因为羞于见人，他彻底切断了出去玩的念头，全身心地在地下室里练习口才。经过几个月的练习后，他的演讲水平突飞猛进。

还有一个例子。1830 年，法国文豪雨果和出版商签订合约，被要求半年内交出一部作品。他为了能够将全部的时间和精力都投入写作，狠下心将身上所穿的除毛衣之外的衣服统统锁进了柜子，之后将钥匙丢进了湖底。正因为没法拿到外出的衣物，他也就断了和友人见面、游玩的念头，全身心地扎进了小说的世界里。除了吃饭和睡觉，他再也没有离开过自己的书桌。最终，他提前两周完成了作品，而这部仅用五个月写完的小说正是后来享誉世界的巨著《巴黎圣母院》。

无论是狄摩西尼还是雨果，他们为了完成自己的目标都做出了常人无法想象的事情。也正是因为一反常态、没有余地，所以他们才抵达了普通人登不上的高峰。一个人要想干好一件事情，成就一番事业，就必须心无旁骛、全神贯注。

在漫漫人生路上，当我们难以驾驭自己的惰性和欲望，不能专心致志地前行时，不妨斩断退路，逼着自己全力以赴地寻找出路。往往只有不留任何退路，才更容易赢得出路，走向成功。

遵循自己内心的声音

所谓的“重要”都成了无足轻重的过往，
所谓的“以后”都成了遥不可及的明天。
朋友，请尊重内心的每一次诉求，因为——
人生经不起时间的等待，
更经不起岁月的消磨。

你有多少期盼与梦想被遗忘在现实的忙碌与无尽的等待中？又有多少明日在你“明日复明日”的信誓旦旦中被消磨掉？你的计划总是被所谓的“重要”所取消，你的“以后”也在幻想中成了永远无法抵达的彼岸。最终，你在固有的价值观中日益趋同，成了别人的复制本。

苏苏总是会向朋友们描绘着自己未来的打算。不过，她那天马行空的计划总会让人产生一种错愕感，因为没有一项实施过。那天，她捏着肚子上的赘肉说要去参加一个健身课程，立志要练出明显的马甲线。过了一段时间，大家问她马甲线练得如何的时候，她却说最近工作忙，还要做家务，哪有时间健身？有一次，她看着女友小牧在朋友圈中晒的各种烘焙照羡慕不已，大声地宣告要拜师学艺。后来，大家问苏苏学得怎样时，她尴尬地一笑。苏苏说只去了小牧的蛋糕房一次，发现做蛋糕的流程太麻烦就放弃了。还有一次，苏苏捧着旅行杂志激动地说，她打算国庆假期和老公一起去韩国旅游，并绘声绘色地描述了一番要去的景点与要买的东西，还问我有什么需要她代买的。后来，国庆前我问她旅行的计划时，她却失落地告诉我，因为这个假期有好几个亲戚朋友要结婚，旅行只能取消。

就这样，苏苏所有的宏伟蓝图都被若干看似非常重要的事情耽搁了。这些所谓的很重要的事情就这样日复一日、年复一年地左右着她的人生，左右着她的思维方式，左右着她的未来。

相比于苏苏，小牧要洒脱很多。大学时，小牧说她要开一家甜品店，并且还说里面要布置得非常文艺。当时大家都以为她是在开玩笑，说不定甜品店几天就会倒闭，甜品都被她自己吃了。后来，我们就再也没有听她说要开甜品店的事。不过，大学毕业后她去了一家蛋糕店做助理，学习做蛋糕。朋友们只觉得她是一时兴起，并不会长久。可是令所有人没想到的是，两年后她竟然在朋友圈里传了一组蛋糕店的照片。店里的装修文艺而温馨，休息区摆放着一个大书架，放着小牧的私人藏书。蛋糕店的门口、窗台上放着小牧亲手栽种的植物。

不过，蛋糕店只是一个开始。在同学们为了房子、车子等现实问题累得焦头烂额、忘记生活的本质时，小牧不慌不忙地打造着自己的小世界。她为蛋糕店取名叫“魔女之家”，是专门为都市女性而打造的休息场所。小牧说她希望在这个喧嚣浮躁的世界里，让那些身兼数职、忙碌不安的女性能够在这里找回自己丢失的东西。除了经营甜品外，小牧还专门为女性朋友开设了烘焙培训课。小牧会为她们做好的蛋糕标价，并且让她们为自己的蛋糕写上自己的小故事，放在“魔女之家”的公共主页上。很多顾客都会因为一则感人的故事而去买下特定的蛋糕。有时候因为故事太感人，某款蛋糕会供不应求。这种开放式的经营理念，不仅让女性朋友缓解了压力，还让她们在互动的过程中找回了自我。很多人在写故事的过程中，回想起曾经丢失的美好。随着顾客的增多，“魔女之家”的名气也越来越大。“魔女之家”的互动模式不仅是一个分享故事的过程，同时也是一个寻找自我的过程。

永远不要在忙碌中忘记自己的梦和未来，更不要因为那些所谓的“重要”放弃了你本该享受的生活。别因为繁忙的工作、柴米油盐而乱了阵脚。生命是一个体验与感知的过程，请遵循自己内心深处的声音，脚踏实地地去实现你的计划与梦想。

拒绝雷同，是为了不被逼向绝境

我们拒绝跟风，
是为了引领潮流；
我们拒绝雷同，
是为了不被逼向绝境。

在生活中，人们总是会借鉴或者照搬别人的成功模式，以为自己也可以通过这样的路径走向成功。然而，真正厉害的人绝对不会走前人的老路。正如恩格斯所说："每个在战史上采用新的办法而创造了新纪元的伟大将领，不是新的物质手段的发明者，便是在以正确的方法运用他以前所发明的新手段的第一人。"无论是一个人，还是一个企业，只有将自己变得独一无二、无法被复制，他才能真正立于不败之地。

什么叫无法被复制？这就好比在大街上，我们总能看到形形色色的美女，但最终，真正能吸引我们眼球的是那些拥有独特气质的美女。当所有女孩子都穿着短裙的时候，如果有一位穿着长裙的女孩缓缓走来，那么我们麻木的神经必将受到某种刺激。当所有女孩都留着长发的时候，如果有一位梳着清新丸子头的女孩擦肩而过，那么我们绝对会被她的与众不同而吸引。

为什么这个世界上只有一个乔布斯？一个李小龙？一个卓别林？一个奥黛丽·赫本？一个玛丽莲·梦露？而且他们无论怎么被模仿，永远都无法被后人所超越。当然很多人会模仿他们的外表、言谈举止，但是他们的精神气韵和人生经历无法被复制。乔布斯曾经说过："领袖和跟风者的区别就在于创新。"领导者总是占人群中的少数，而跟风者占据着多数。

缪西娅·普拉达是世界顶级奢华品 Prada（普拉达）的第二代掌门人，意大利著名的服装设计师。她的出生、爱情以及事业都和时尚紧密相连，可以说，缪西娅·普拉达将其一生奉献给了时尚，缔造了时尚界的奇迹，从而成为时尚界的风向标。

缪西娅刚刚接手 Prada 时，这家风靡一时的企业由于受到竞争对手强有力的挑战，正在走下坡路，所以她肩负着力挽狂澜的艰巨任务。缪西娅决心使 Prada 走下去，重振品牌的辉煌。没有人会想到，缪西娅的加入成为 Prada 的转折。

缪西娅的确是一名才华横溢的设计师，尽管她并没有学过设计。缪西娅想到将传统与现代融合的风格。为了挽救企业的颓势，缪西娅拓展业务，开始生产女装购物袋和背包，寻求不同以往的新颖材质，经过反复尝试，最后选择了空军降落伞使用的尼龙布料，1985 年，她推出了一套尼龙背包系列，用的就是缪西娅最喜欢的黑色尼龙防水布料，质轻耐用，而且还在上面钉上倒三角形的 Prada 铁牌。材质上的创新和艺术上的追求造就了这款背包的独特，精心打造的黑色尼龙背包迅速风靡全球，让年轻消费者尖叫，也使世界重新认识了 Prada 品牌。尽管这些背包价格不菲，比皮包还昂贵，但还是被抢购一空。

缪西娅认为这是设计师第一次推出具有时尚创新意义的背包，它同时具有实用、时尚以及奢华的特点。这也是其让人们爱不释手的主要原因。而且这款背包显得很有个性。缪西娅反对单纯追逐时尚，甚至认为丑比俗好。她觉得盲目追求时尚会导致所有女性千篇一律，失去属于自己的时尚。

只要一提到时尚，人们就会想到标新立异、特立独行这样的词，好像那些设计师都很疯狂，缪西娅却不这样认为，她觉得时尚是女性生活的一部分，是很现实的艺术。

不要照搬别人成功的路径，因为每个人的生活轨迹、家庭教育、成长经历都是不一样的。我们必须学会用自己的方式去走一次。不愿意创新，只是坐享他人的成果，就会慢慢变得懒惰、麻木，变得逃避一切风险。

20 世纪 80 年代，以索特萨斯为首的一批设计师结成了“孟菲斯设计集团”。孟菲斯集团的唯一规则就是没有规则，他们反对一切固有观念，认为世界是通过感性来认识的。他们认为设计不仅要让人们的生活变得快乐、舒适，更要打破某种内在的等级制度。索特萨斯认为设计的过程就是在设计一种生活方式，没有确定性只有可能性，只是一个瞬间，没有结论。

正是这种没有规则的、自由的氛围鼓励了成员的思想交流，让设计师们在形式、功能、颜色和材料方面产生了更多好的创意。他们认为产品的功能不是绝对的，在肯定产品的使用价值的同时，更强调设计应该表现特定的文化内涵。因此，孟菲斯的设计尽力去表现各种富于个性的文化意义，表达了从天真、滑稽直到怪诞离奇的不同情趣，而这也彻底转变了人们对家居设计的看法。

当你发现自己在重复以前的老路时，就该警醒自己了——雷同只能将自己逼向死路。脱颖而出的方式并非是做得最好，而是应与众不同，这样才能掌握主动权。

既然喜欢，就做到极致

因为喜欢，所以不忍放弃；

因为喜欢，所以坚持不懈。

所有伟大的背后，

都藏着一颗执着的心，

以及一个近乎疯狂的灵魂。

人们都在探寻成功的奥秘，以为才华、机遇、努力都是必不可少的条件。其实，成功者并没有什么深不可测的秘密，他们只是将自己喜欢的事情做到了极致。

什么是喜欢的事？当你做这件事的时候，你能感受到自己的心跳，能感受到自己的存在，并且可以得到无与伦比的快乐。因为对自己所爱之物的那份执着，我们会更加努力地去完成它。当然，这是一个漫长的过程，但岁月不会辜负你的执着。

在童年的时候，我们喜欢做很多事情，比如绘画、音乐、打球、下棋。只是随着年龄的增长，在社会现有的价值标准下，甚至在父母过于局限的指引下，我们会放弃自己曾经喜欢做的事情。

很多时候，我们喜欢的事情貌似都不那么靠谱，都不能给我们带来直接的回报。其实很多时候，喜好才能让我们感受到真正的快乐，才足以支撑我们的精神世界和未来的人生。尽管很多人放弃了所爱之物，但还是有一部分人执着前行，将它们做到最好。就像所有故事的结局：他们成功了。

耀子是我硕士阶段的学长，主要研究西方文论。在我眼中，凡是能够静心看下康德、尼采、黑格尔那些深奥的哲学的人，绝非简单的人物。在学校的时候，每次看到耀子，他要么在看书，要么就在去图书馆的路上。只要讲到那些哲学大咖，他就会滔滔不绝。据说耀子学长没有上过正规的大学，只是获得一个函授文凭。但是，也正是这种不走寻常路的人将喜欢的事情做到了极致。我们普通人的大学四年无非就是上课、睡觉、参加课余活动，而耀子的四年就在家中潜心研究康德、黑格尔。

每当耀子的导师不在校的时候，耀子就去给本科生上文论课，甚至比他导师讲得还好。研三的时候，耀子出版了一本书，然后考上了人大的博士。耀子学长毕业的时候，男生们去参观了他的宿舍。他们说耀子学长的宿舍已经没有落脚的地方了，因为摆满了各种书籍。他已经将自己的全部精力都投入进了哲学。

其实，我们也很佩服耀子学长的父母。如果是普通的家长，根本不可能让孩子四年都待在家里，关起门来潜心研究那些看似不靠谱的哲学。

每个人都有喜欢的事，然而并不是所有人都能一直做下去。很多时候，因为周围人的眼光或者迫于生存的压力，我们都会放弃某些东西，因而也错失了很多机会。我们的一生短暂，如果能将所有的精力都投入到自己所爱的事情上面，那么结局一定会超出我们的想象。

表妹小雨是一个非常厉害的摄影师。在上大学的时候，她的老师让她去拍摄风景，然而她执意选择了自己喜欢的动物，为此她还和老师闹了矛盾。她说比起冷冰冰、无血无肉的风景画，她更喜欢拍摄具有生命力的动物，因为在动物的眼中能观察到某种东西。不过在拍摄动物的过程中，她也遇到了很多难题，例如那些动物并不会听从你的指挥，也不会按你的期望摆造型。有的时候，她为了抓拍满意的画面会在寒风中或烈日下等待很久。在其他同学选择人像、风景、美食的情况下，她一直坚持拍摄动物。她说要用自己的镜头记录下这些最美丽的生灵，她能在它们的眼神中看到光。那个时候，她的很多同学为了生计都放弃了摄影，而她一直都坚定地走在自己的路上。她说:“我要用镜头去记录下最美好的事物。”

她的坚持没有白费。毕业 3 年，她踏遍了中国的各个角落，拍摄了各种动物。最后她的一张名为《生灵》的照片被某知名杂志选中。后来，她成了这家杂志的摄影师，奔走于世界各地拍摄照片。

每一个领域的伟大者，都能沉下心，潜心修炼10年、20年。因为喜欢，他们将那些事情做到了极致，不留一点余地。当你将某件事做到几近疯狂的时候，你离成功也就不远了。缺少热情和坚持足以消磨我们对生命的执着，对梦想的追求，对人生的期盼。

总有一些旅途，需要一个人去完成

有些路，总要一个人去经历；

有些旅途，总要一个人去完成。

终有一天，你会明白：

你的家，是山川湖海。

电影《山河故人》中有句话：“每个人只能陪你走一段路。”有一天，我们都会明白，那些人只是自己生命中的过客，陪伴的时间或短或长，最终都要一一告别。当所有人都离开的时候，我们的人生还应该为了什么而坚持与执着？独自一个人，更应懂得生活的意义；独自一个人，更该坚强地面对这世事无常。

那年，我又遇到了岛籽。离上一次见她已经过去 5 年。这 5 年里，她成了一名职业旅行家，走遍了世界的各个角落，出版了几本摄影集。岛籽晒黑了，也清瘦了很多。

5年前，岛籽的丈夫因败血症永远地离开了她。伤心欲绝的岛籽为丈夫办完丧事后，卖掉了所有的固定资产，只留下一台相机。临走前，她告诉我说此生已别无所求，打算在旅途中忘记丧夫之痛。那年，她才32岁。

现在，她对人生更多的是一丝淡然。我问她："你想过以后该怎么办吗？"她淡淡一笑说："这5年里，我想通了很多事。在这个世界上，没有人能永远陪我走下去，他们都是匆匆过客。有些路，终究要一个人去经历；有些旅途，终究要一个人去完成。在卖掉房子的那一刻，我就告诉自己：从此，我的家是山川湖海。"

岛籽从小在孤儿院长大，不知道自己的父母是谁，不知道自己来自何处，更不知道自己要去哪里。直至遇到她的丈夫后，岛籽才发现了生命的美好与意义。她与丈夫是公认的神仙眷侣，一起写作、旅行、摄影。在一起的时光里，两个人共同创作了很多作品。只是，事情太过突然，还没等岛籽缓过神来，丈夫就永远地离开了她。岛籽明白了：既然自己无法像普通女人那样相夫教子，无法像她们那样爱自己的丈夫与孩子，去爱自己的父母，那就去好好地爱这个世界，好好地爱自己。

当你爱的人离开自己的时候，还有什么可以成为支撑自己走下去的动力？当你将所有的情感都寄托在那些所爱之人身上时，是否想过他们终会有离开自己的一天？生命本身就是一场救赎的旅程。在其中，我们慢慢体悟生活的本质，懂得什么是爱与恨，什么是生存与死亡，什么是时间与永恒。在这段旅程中，我们不断失去，不断放下，不断原谅，也不断懂得。

杨澜说："远行是为了回归，自由是因为牵挂。"岛籽说她的离开，是为了更好地回来。当她踏遍山川湖海的时候，才慢慢发现原来人生是如此丰富多彩，才发现原来她的生活不再是暗淡无光的。因为心里有所挂念，有所爱，才更懂得去珍惜生活中点滴的美好。

歌手顺子曾是一位漂泊欧洲、亚洲、美洲的中国音乐家。顺子从小与母亲去了美国。那时的她，总是被美国孩子欺负。在顺子的歌声中，涤荡着东西文化的差异。她说，童年经历的这些，让自己写出更多的歌。

顺子 17 岁时离开了母亲，一个人远赴欧洲求学。她在瑞士生活了大约有 6 年之久，读书、打工、唱歌成了她生活的全部。为了支付昂贵的学费与生活费，她必须去酒吧唱歌，学会自力更生。正是这些经历，顺子更能体会到人生的不易。她说自己特别喜欢海和山，希望退休之后，能找到一个既有山又有海的地方。

1996 年，顺子一个人来到台湾，继续坚持自己的音乐梦。那年她 24 岁，在漂泊了半个地球之后依旧在寻找着属于自己的归途。在每一段旅途中，她经历着酸甜苦辣、人世百态。她将所有的孤独与不安诉诸音乐，最终得以释放。其实她早已在那些年的漂泊中找到了自己的归途。

你终究要懂得一个人的意义，终究要学会独自去完成一段旅程。在山川湖海中，体会人生的意义；在山川湖海中，体会牵挂与归途。

感谢那些痛苦，让你变得强大

苦难对于生命的意义，
并非只是让你变得坚强和不惧，
还让你在看尽这世间的凉薄后，
对它依然留有一丝柔软，
对它依然满怀期待。

你是否记得上一次是因为什么而痛哭流涕？你是否记得送走至亲时的悲伤欲绝？你是否还身受病痛的折磨？你是否还在人生中苦苦寻求着灵魂的救赎？很多人在经历变故后会变得更加冷漠和悲观，对未来不再存有期盼。在苦难中，他们的心被击得粉碎，再无一丝暖意。心如死灰是一件非常可怕的事，让你往后的人生直接走向了衰老与死亡。

我们一直在追问上天，为何让自己遭受苦难，为何让自己沉浮于惊涛骇浪的拍打中。也许你曾经想放弃，但最终还是坚强地走过了那段看不到曙光的日子。然而，过后你会感谢那段时光，感谢那段暗得看不见天日的岁月。因为你变得坚强，变得不再惧怕一切。那段时光带给你的不仅是内心的坚强，更是在看尽世间凉薄之后留下的一丝柔软。

子薰是我从小玩到大的好姐妹，她乐观、开朗、阳光。我几乎从未见她流过眼泪，也从未见过她有什么忧愁。她说:“这个世界上最没有用的就是眼泪。”与子薰在一起的日子里，一切烦恼都能化作和风、变为暖阳，吹散阴霾、照亮前路。每年春节我都去找她，就像小时候那样在床头和她聊天聊到深夜，谈着这些年的生活变化与经历的人情冷暖。这个时候，我们似乎都从未长大，似乎都没有改变，但似乎都明白很多事情都变了。

那年回去时，我发现她的话明显少了很多。后来我才知道，她在怀孕三个月的时候流产了。当时她的老公在外地出差，只有母亲陪在她的身边。她说自己永远都不能忘记那日的情景。也就在那一瞬间，在肚子里陪伴自己三个月的小生命与她永远地告别，从此他们再无缘分。

那天晚上，子薰对我说:“我发现自己突然变得很脆弱，什么都不想做，只想着那个已经去了天堂的小生命。在流产后的几个月里，我一直都没办法走出来，一直都在责备自己。如果当时我听话，按时去医院做检查，最后也不会失去宝宝。后来老公抱着痛哭的我说:‘没有关系，我们以后还会有的。’我没有理会他，因为他不会理解一个小生命在母亲的身体内慢慢长大的过程，那是生命的律动，以及对新生的期盼。”子薰说完，抱着我痛哭，这就像是一场对过去的告别仪式。

之后的两年，子薰都没有再要孩子，因为她还惦记着那个去了天堂的宝宝。后来，她每个周末都会带着自己做的蛋糕和饼干去孤儿院看望那些可爱的孩子。每当看到孩子们灿烂的笑容，她都感到无比幸福。因为有这群可爱的天使，这个世界才变得更加美好，并且简单。子薰说:“宝宝的离开让我的心变得更加柔软，让我对这个世界更加宽容和慈悲。我希望用一颗最最澄澈的心去迎接下一个生命的到来。”

伊丽莎白·格拉泽是美国著名的艾滋病运动家。她美丽、聪明，是电视剧明星兼导演保罗·迈克尔·格拉泽的妻子。她的生活原本没有忧愁，没有苦痛，更没有悲伤与彷徨。只是，随着女儿的降生，一切都改变了。那年，在生第一个孩子的时候，她因大出血接受了输血。然而，在女儿4岁的时候，她才发现自己当年输了带有艾滋病毒的血，并且通过母乳将病毒传给了女儿，那时腹中的儿子也受到了感染。更让人绝望的是，当年美国批准治疗艾滋病的药物只限用于成年人，因此她只能眼睁睁地看着年幼的女儿走向死亡。如果是一般人，肯定无法承受这一切。不过这场飞来横祸没有打倒她，她积极地投入到关爱艾滋病患者的事业中去。她创立了儿童艾滋病基金，并且到处进行演说，呼吁社会各界人士加大对治疗艾滋病的投入。虽然她在1994年病逝，但她为艾滋病儿童的治疗做出了巨大的贡献。

在1992年的民主党全国大会上，她说自己一开始只是一位母亲，为了孩子的生存而战。然而一路走来，她看到了美国社会对于艾滋病患者的不公。当你开始呼求帮助的时候，没有人会听到你的哭诉，更没有人向你伸出援助之手。这场灾难改变了伊丽莎白·格拉泽的人生，并让她积极投身于公共服务事业中去。她的生命因为这一场浩劫而变得更加强大。

张爱玲曾经对胡兰成说:“因为懂得，所以慈悲。”我们渐渐懂得这八个字的深意。曾经的我们坚不可摧，曾经的我们不可一世，然而在暴风骤雨过后，心中更多的是一份慈悲和柔软。后来，我们会更加爱这个世界，善待所有身处苦痛与争议中的人。

愿你遭遇劫难后，对人世依旧保留一份柔软和慈悲，愿天际的光照亮你来时的路，愿你的一生平安喜乐。

没有退路时，往哪走都是前进的方向

在没有阳光的日子里，
依旧满怀期待。
微笑向暖，
在心中开出一朵绚烂的花。

在人生的旅途中，我们会遇到各种各样的困难。在那段艰难的时光中，请不要悲伤，更不要彷徨不安，用微笑去面对一切，相信生命即将开出绚烂的花。

十多年前的我正处在低谷中。当然，现在回想起来那只是生命中的一次小感冒而已。也就是在那个时候，我被几米的一幅名叫《心中的花》的漫画打动了。在漫画上，地震后的主人被压在废墟下，而一只小狗正在废墟上寻找他。几米在漫画的旁边写道："你闻到我的气息，我听到你的叫声。你知道我在流泪，我知道你在焦急。我们如此地接近，又如此地遥远。但是不要怕啊！不要怕！我们的心中即将开出一朵美丽圣洁的花。”这温暖而治愈的文字像是生命中的一泓清泉，暖暖流入心间。

这幅漫画收录在几米的画集《我的心中每天开出一朵花》中。后来我才知道，那时几米正与血癌在做斗争。每天在心中开出一朵花，需要巨大的勇气和乐观的态度。之后，我告诉自己，无论何时，无论遇到什么，再难都要积极面对生活。生命中没有永远的困顿，一切阴霾都会被暖阳驱散，一切痛苦都将化作过往云烟。

只有感受到最深沉的黑夜，才会不惜一切向往光明。只有当你跌入最深的谷底，体会到黑暗的可怕，才会沉下心去修炼自己，让自己的人生得以完整。你会发现，当自己什么都没有的时候，反而变得一身轻松，就会不计后果地去改变最糟糕的处境。成功的道路哪有那么一帆风顺，不经历痛苦和牺牲，怎能有所收获？

美国名嘴奥普拉·温弗瑞在哈佛大学的演讲中说道：“不要问自己世界需要什么，问问是什么让你精神抖擞地活着，然后就去做，因为世界所需要的就是一个个朝气蓬勃的人。”她充满着热情与朝气，用自己独具特色的方式打造了著名的“奥普拉·温弗瑞脱口秀”。她通过鼓励、安慰、激励的方式，将深受心灵折磨的人们从压力中解救出来，并治疗他们的伤痛。她身兼数职，不仅是名嘴，还是制片人、董事长、演员。在美国，她有着惊人的影响力：“奥普拉法案”“奥普拉读书俱乐部”“奥普拉杂志”“奥普拉天使网站”……她是美国第一位黑人亿万富翁。

你无法想象，这样一位鼓舞了无数观众的女性，有着沉痛的过往。她的父母未婚生女，之后便分道扬镳。奥普拉 9 岁的时候，被堂兄侮辱，受到好几个亲戚的虐待。13 岁的时候，她离家出走，第二年怀孕，孩子没过多久就夭折了。她行为出格，总是与母亲吵架。母亲受不了奥普拉，打算将她送入管教所，可是由于床位满了，她被拒之门外。奥普拉继续和同伴们鬼混，抽烟、喝酒、吸食大麻，越陷越深。最终，母亲在无计可施的情况下将奥普拉扔给了父亲。

正是由于父亲，奥普拉的人生有了转机。在父亲的教导下，奥普拉改头换面，并接触了演讲。在 1971 年，奥普拉成为“那斯威尔防火小姐”，同年又戴上了田纳西州黑人小姐的桂冠。 翌年，她进入田纳西州州立大学主修演讲和戏剧。后来，奥普拉在演讲这条路上越走越远，成了美国著名脱口秀节目主持人，而数以万计的观众因她的访谈节目而倾倒。

奥普拉的童年是不幸的，然而她又是幸运的。在后来的人生道路中，她没有沉溺在童年的悲痛中，而是积极乐观地面对自己的过往。在她的节目中，她坦荡、真诚，愿意与大家讲述过往的悲惨遭遇，因而观众们也为之动容。

我们的人生中，总会有没有阳光的日子。在那段阴霾笼罩天际的日子里，我们看不到前进的方向，更没有奔赴未来的动力。你也许会自怨自艾、怨天尤人、自暴自弃……只是在你颓废堕落的时候，还有很多比你更悲惨的人在积极、乐观地面对生活，他们坚强地与这个浮生乱世抗争着，每天在心中开出一朵美丽的花。

生命的意义到底是什么？我们的人生为何要遭遇沉浮？为何厄运会降临在你我的生命之中？我们会感叹，生活如果一帆风顺该多好！可是，如果生活真那么一帆风顺，你又怎能体会到阳光驱散阴霾后的温暖？

也许现在的你正处于困顿之中，苦苦寻找救赎的良方。也许你正深陷泥淖之中，无法自拔。可是，无论如何都请你坚强地面对这一切，要相信阴霾总会被驱散，温暖的阳光总会到来。你需要的不是哀叹，而是微笑着和苦难道一声好，然后和它挥手作别。你会发现它们只是你人生道路上的一段小插曲罢了，根本无足轻重。

请相信所有的不幸都是你通向幸福的桥梁，愿你的生命中每天都能开出一朵绚烂的花，以应对这世事无常。

SIX

唯独优雅不能伪饰

在这俗世，拥有独立的灵魂

我不是无血无肉，
也不是冷若冰霜，
只是行走于这凡俗之世。
太多人事与我何干？
原谅我此生不羁爱自由。

一个人的独立，不仅在于经济的独立，更在于灵魂的独立。只有做到灵魂独立的时候，他才不会被这俗世中的任何人或事牵绊、捆缚。灵魂独立的最大表现在于洒脱、自由的精神状态。

朋友莫紫，气质出众，才华横溢。本来她在美国可以进好莱坞，与大师级的电影人一起工作，可是她却选择回国开一家影视公司，在圈内小有名气。我从没见过什么事能扰乱她的心智，更没见过有什么人能将她打倒。为了一场电影宣传，她能忙前忙后半个多月。有一次，我看到她穿着工作服累得趴在沙发上休息。我叫醒她时，她擦了擦眼睛，立刻穿上高跟鞋站起身，整理了衣服问是不是要开会了。那时，我觉得她真的是拼命三郎，几乎每天二十四小时都在忙碌。

有一次，她约我去酒吧喝酒，开始只是闲聊。可是，聊着聊着，她竟然抱着我痛哭起来。那时的她就像个无助的孩子一样不知所措，完全不再是那个众星捧月、呼风唤雨的莫总。莫紫告诉我，其实回国前她有一个男友叫邱阳，两个人是同学，因为共同的电影梦而走到了一起。只是毕业时邱阳因为国内电影市场巨大的发展空间选择回国，而莫紫想留在美国继续闯荡好莱坞。也许两个人都太好强了，谁都没有为对方退让，他们约定三年后发展不如意的那一方去找对方。不过令人想不到的是，还不到两年，邱阳有了新的女朋友。事业本来小有起色的莫紫，当时就辞了工作，买了回国的机票。

我问莫紫，为什么当初在一起时没有为他放弃好莱坞，后来竟放弃努力那么久的梦想。莫紫沉默了片刻说，因为自己不甘心，不甘心苦心经营的爱情就这么被别人乘虚而入，不甘心这么长时间的异地等待就这样化作泡影。她回国只想要个答案。莫紫说，当她亲口听到“分手”那两个字时，有种天崩地裂的感觉，似乎自己坚持的一切都没了，甚至连人生都失去了方向。她饮尽杯中的酒，气愤地说，邱阳的新女友是个小有名气的模特，身材火辣，眼神能够颠倒众生。现在她那么拼命只是想为自己争口气，告诉邱阳，这个世界上只有她才配得上他。我看着莫紫仇恨的眼神，不禁打了个寒战，原来她拼命工作的背后竟承载着如此大的深仇。这是一场战争——一个女人和另一个女人的战争，一个女人和一个男人的战争。

莫紫是众多女性的代表，表面上独立得像个女王，实则被爱情捆缚，不能自拔。她们活得失去了自我，所谓的不甘心让她们搭上了一生的自由。其实只是你不愿意放过自己，更不愿意放开那段情，恨不能握在手里一辈子，即使那个人已不再是你的。女人，归根结底你依然没有独立，你的人格被某些无形的东西所捆绑。

2013 年 10 月 10 日晚 7 点，诺贝尔文学奖获奖者名单揭晓，82 岁高龄的加拿大女作家爱丽丝·门罗最终获得这一文学界的最高荣誉。门罗以写作短篇小说闻名于世，有“加拿大的契诃夫”之称。也许是为了配合她短篇小说家的身份，瑞典文学院的颁奖词很短：当代短篇小说大师。门罗也因此成为诺贝尔文学奖有史以来的第 13 位女性获奖者，同时也是加拿大首位获此殊荣的作家。

门罗出身于一个很普通的家庭，母亲是小学教师，父亲是农民。门罗开始写作时已经结婚，尽管那时她才 20 岁，却成了一个“小妇人”，但她并没有把灵魂完全寄托在丈夫身上，她想要写作，即使琐碎的家务缠身，她仍然没有放弃。

尽管门罗和一切家庭妇女一样，平时的重心是丈夫与孩子，但是她尽一切可能挤出时间进行创作，当年幼的女儿熟睡之后，她就会拿起心爱的笔写几个字。写作时突然被哭声、吵闹声打断是极为正常的事，那一定是女儿因为各种原因醒来要找妈妈，门罗只得连忙丢下笔，直奔女儿的小床，等女儿再次入睡后她就继续写，这导致她经常需要很长时间来写完一句完整的话。孩子午休时她除了要挤时间写作以外，更多的时候就是坐在沙发上，一边喝着咖啡一边构思故事情节、人物对话。慢慢地就形成了习惯，即使孩子长大成人后，门罗还是这样盯着窗外打腹稿。

门罗一共生了四个孩子，其中一个夭折。每次怀孕时，门罗不但不会休息，反而会更加疯狂地写作，因为她清楚一旦孩子出生就会影响到自己的创作，所以必须要抓紧时间。

由于时间极其有限，门罗不太可能写太长的作品，这也就是为什么我们看到她几十年如一日地创作短篇小说。其实门罗是以写长篇小说的心态去写短篇，短短的篇幅没有限制住门罗文字的博大精深，20 页的文字能跨越几十年，而且还能把故事讲得明白透彻。

门罗就这样一直写到了 28 岁，还是没能写出什么名堂，过于零碎的时间严重地限制了她的发挥，无数次地给出版商寄出自己的手稿，但无一例外都在几周后被退回。从某种程度上讲，结婚对门罗来说也是为了能有一个使自己安顿下来的地方做自己喜欢做的事。门罗的笔下大多是一些平凡女性，故事题材也大多是这些小人物的爱情、婚姻以及家庭琐事，这曾经被外界认为很无趣。门罗一直写啊写，似乎生活就是为了写作。

后来，她的作品开始在一些文学杂志上发表，1968 年，已经 37 岁的门罗终于出版了自己的第一部短篇小说集《快乐影子之舞》，这是一部前后花了 20 年才完成的作品，她凭借这部作品获得了加拿大总督文学奖，从而正式开启了自己的文学之路。

门罗成功的原因除了自身的写作天赋以外，更主要的是她的灵魂足够独立。她怀揣文学梦，经历两次婚姻，四个孩子，枯燥至极的主妇生活，都没有影响到她那独立的灵魂。

那些拥有独立灵魂的人，不是无血无肉，也并非冷若冰霜，只是这浮尘俗世，这爱恨情仇，又与他们何干？他们活在自己的世界里，他们不羁，他们只爱自由。

永远不要忽视任何细节

“魔鬼”隐藏于细节中，

永远不要忽视任何细节。

人们失败的时候，总会疑惑，是哪一步走错了？他们会将事情从头到尾回想一遍，整个过程近乎完美，却忽视那些细枝末节的东西。

1963 年，美国气象学家爱德华·罗伦兹提交给纽约科学院的论文中说：“一只海鸥扇动翅膀足以永远改变天气变化。”在以后的演讲和论文中他用了更加有诗意的蝴蝶。对于这个效应最常见的阐述是：“一只南美洲亚马逊河流域热带雨林中的蝴蝶，偶尔扇动几下翅膀，可以在两周以后引起美国德克萨斯州的一场龙卷风。”“蝴蝶效应”主要是关于混沌学的一个比喻，即不起眼的一个小动作却能引起一连串的巨大反应。

最不起眼的初始条件也许会改变事物的发展结果。有的时候，微小的细节也许会破坏精心准备的计划。女友A经人介绍去和一位男士约会。据说那位男士各方面条件都很不错，只是A回来面露尴尬的表情。我问："约会怎么样？"她有些生气地说："唉，各方面都很好，只是……"我疑惑不解，"只是什么？"她说，"他各方面条件都很好，可为什么鞋子那么脏？感觉有很久没擦了。"我笑了笑，"千里之堤，毁于蚁穴呀。"

他穿得非常绅士，言谈举止大方得体，但是鞋子的细节是会出卖一个人的。我和A一样，非常注重男士的细节，认为那才可以真正体现他的内在。相比于衣着是否贵重，我们会更关注他的衬衫衣领是否平整，袖口是否干净。你可以说这有些苛刻，但这的确能显示出一个男人的性格与内心。如果他连着装的某些细节都不在乎，那么他也会忽视爱情中女性非常在乎的东西。当然，这不是百分之百。有一个酒与污水定律：如果将一匙香醇的酒倒入一桶污水中，那么你将得到一桶污水；如果你将同样的一匙污水倒入一桶香醇的酒中，那么你依旧得到一桶污水。我们可以发现，一处细微的破坏分子将会破坏整个大局。如果我们不注意某处细节，后果可能将不堪设想。

方州被新分配到一个部门做主管。有一次他带领自己的团队参加活动，然而，手下有两个人全程都非常不配合。后来，方州发现，只要有任务传达下去，那两个人就会表现出消极的态度，并且喜欢在微信群里搬弄是非、传播流言，因而整个团队都人心散乱。方州还发现，正是因为这两个人的捣乱，一些能干的人也受到了传染，变得非常懒散。一个月下来，团队的业绩要比公司另一个团队差很多。

有一天，方州搬了一箱苹果过来，非常严肃地说："这里有一箱非常可口的苹果，没有一个坏的，但现在我要将手中的烂苹果放进去。几天后我们再来观察吧。"他手下的成员都非常疑惑，不明白方州要做什么。几天后，当大家再来看这箱苹果的时候，发现烂苹果周围的苹果几乎都腐烂了。方州说，“你们看这一个烂苹果，如果不及时处理，它就会迅速传染给其他苹果。”所有人都不说话了。

之后，方州找到那两个经常搞捣乱的人说：“我已经注意你们很久了。你们要么是对方团队派来搞破坏的，要么就是诚心看我不顺眼，不想在我这里干了。”那两个人顿时傻了眼。过了两天，他们就自动离开了方州的团队。果不其然，这两个人就是对方团队安插在方州团队里的眼线。

方州对他的手下说：“组织是脆弱的，一两个破坏分子就像病毒一样，也许会引起轩然大波。还好，我们能够及时将他们清理出去。”正是这两个细小的因素破坏了整个团队的和谐与凝聚力。如果不是方州的洞察力，那么他也许要面临因业绩下滑，最后被降职或辞退的危险。

请不要忽视任何细节，因为它决定了事情的成败。也许你会觉得那些微小的细节并不起眼，不会对你造成任何威胁，但它们恰恰是酿成大祸的源头。

在一个人的盛世芳华里绽放

她，

比烟花寂寞，

却在一个人的盛世芳华里，

绚丽绽放。

很多女孩都艰辛地在这个凉薄的世界里摸爬滚打。尽管她们是柔弱的，尽管她们并不知道还有多久才能抵达，但她们都坚信只要自己一直这么努力下去，终将能实现自己小小的梦想。

我很钦佩这样的女孩子，因为她们有着坚韧不拔的意志力，她们没有人可以依靠，她们坚强地面对着生活带来的一切压力。

她是香港歌坛的传奇。在短短的四十载春秋里，她唱尽了繁华与落寞，演尽了若梦浮生——她就是梅艳芳。梅艳芳1963年出生在香港，父亲早逝，母亲必须经营着破旧的歌舞团来供养四个子女。在生活的压力下，梅艳芳在四岁半的时候便登台唱歌，后来和妈妈、姐姐梅爱芳一起四处表演。除了唱歌、做主持外，她还要在餐厅兼职。正因为这样，她被学校的同学嘲笑为"歌女"，而同学们的家长也阻止他们与梅艳芳来往。在初二的时候，梅艳芳便离开了学校，辗转于歌厅、夜总会等地方唱歌。在这么小的年纪，梅艳芳就必须承担起生活的压力，放弃本该纯真而快乐的童年，这其中的艰难与心酸只有她自己知道。1982年，19岁的梅艳芳参加了香港无线电视台举办的第一届新秀歌手大赛，而她以强大的实力夺得了冠军的宝座。

梅艳芳一生获奖无数，不仅是歌手、演员，还心系慈善事业，对后辈关爱备至。在香港演艺圈，她博爱、真诚、侠义，是当之无愧的"大姐大"，受到众人的尊重。2003年12月30日，梅艳芳因宫颈癌致肺功能衰竭病逝，年仅40岁。

梅艳芳是香港乐坛的传奇，更是一朵独一无二的女人花。她独自承受生活中的一切，暗自努力，造就了属于自己的盛世芳华。

在我们的周围，还有无数像梅姐一样的姑娘。她们离开自己的故乡，在大城市谋得一份工作，独自打拼。白天，她们化着淡妆，穿着工作服，踩着高跟鞋，挤在人潮如海的地铁中，到达工作大楼。晚上，她们又回到狭小的出租屋，煮一碗泡面就会感到温暖至极。她们没有公主病，没有臭脾气，不怨天尤人，更不苦闷悲观。对于她们来说，每一天都是新的，每一天都充满了活力，每一天都是上天的恩赐。

维姐家有四个孩子，她是第三个女孩，还有一个弟弟。她成绩很好，但没有去读大学，因为家里还要供养弟弟。维姐在18岁的时候就进入了社会，为父母分担生活的压力。那个时候，她做过饭店服务生，去夜市卖过袜子，也去过工厂车间。那段岁月虽然艰苦，但她过得心安理得，靠着自己的努力勇敢地活着，并且还能贴补家用。过了几年，她有了一点积蓄后就租了一家店面，做服装生意。早上六点就要起床，进货、拉货、卸货，每天都会忙到深夜。也正是那段日子，她更加懂得了生活的不易；也就是那段日子，她将弟弟供上了大学。

后来，维姐的生意越做越大，订单一笔接一笔。她创立了自己的品牌，还有了自己的工厂。她对衣服的质量要求非常严格，称要做就做到最好，不能有一点瑕疵。正是这样的态度，她赢得了许多客户的信任与尊敬。也许，你以为维姐这样就满足了，然而她没有。

维姐说自己的学历不高，因此阻碍了公司与外商的合作机会。30岁的时候，她开始学英语，而这需要多么巨大的勇气和毅力。最终在不懈的努力下，她真的可以和外国人讲一口流利的英语了。

40岁的时候，她的公司上市了。她摸爬滚打20年，从一个饭店服务生到一个上市公司的老总，其中的人情冷暖、酸甜苦辣想必只能自己往肚子里咽。

生命中的很多时刻都充满了未知，但这些不安的未知都可以通过努力而掌握在你的手中。也许你出生在一个并不富裕的家庭里，也许你并不能像别的姑娘那样任意妄为，也许你还得努力赚钱贴补家用。可是这并不能阻止你前进的道路，更不会限制你的潜能。在这条路上也许你是孤独的，但你却一个人走在自己的盛世芳华里，绚丽绽放着。

生活是自己的，与他人无关

生活是自己的，
与他人无关。
人生的道路漫长而艰辛，
只有耐得住内心长久的寂寞，
才能守得住日后迟来的繁华。

很多人在小有成就后，会被短暂的胜利冲昏头脑。他们在繁华中有一颗不甘寂寞的心，然而这正是走向落寞的开始。其实，人生在世，只有耐得住寂寞，才能守得住繁华。生活的常态就是平凡，此外都是锦上添花的事情罢了。

前不久，听说了高中校花舟舟的现状，不禁感慨。那个时候，舟舟真是美得没有朋友，追求者可以组成好几个足球队。后来，她考上了艺校，开始混迹演艺圈。当然，各种情场上的老手也开始纷纷向她献殷勤。那些人大多都是已婚男士，出手阔绰，喜欢开着豪车出入各大高校。很多女孩子都受不了金钱的诱惑，在虚荣心的驱使下最终误入歧途。舟舟成了她们中的一个。

后来舟舟被一个富豪追求，隔三岔五地送鲜花、礼物只是常态。她穿着华丽的礼服出入各种名流会所，时不时地去蹭几场红毯，表面上风光无限。在二十多岁的时候，在别的姑娘还在挤公交、住出租屋、吃泡面的日子里，她享受到了这个年纪不该拥有的荣耀。然而，这看似风光的表面暗藏的是不为人知的痛楚。这个富豪是个已婚男人，有一对儿女。在富豪送了舟舟一幢豪宅、一辆名车后，舟舟算正式成了他养在笼中的金丝雀。

有一年同学会，大家正在对未来感到惶恐不安时，舟舟已经是各种奢侈品在身的小富婆了。那个时候，大家都感觉她生活在不一样的世界里，享尽荣华富贵。后来，又过了几年，当在这个社会里苦苦挣扎的姑娘们都小有成就时，舟舟却消失在了我们的视线里。

有人说富豪曾经答应舟舟过几年等自己孩子大了就和妻子离婚，不过这只是欺骗无知少女的谎言罢了。后来，那个富豪的妻子找了私家侦探调查了舟舟，抓住了舟舟很多把柄。就这样，在那个女人的逼迫下，舟舟离开了富豪，最后彻底消失了。不知道现在的舟舟身居何处，也不知道她靠什么去维持生活。

在那段最美好的年华里，她在那无止境的虚荣中消耗着自己的青春，消耗着自己美丽的容颜。如果时间还能倒流，她是否会在最美好的年华里沉下心来，努力地去学习表演，为未来打下扎实的基础？她是否会在最美好的年华里，认认真真地去谈一场恋爱，愿意和一个疼爱自己的男孩子共同奋斗？

然而，她在不相符的年纪里得到了不属于自己的东西，并要用今后的人生为之埋单。

很多时候，人总会被鲜花、赞誉声冲昏头脑。他们在这个名利场上疯狂地消耗着自己被世人褒奖的美名，一度在生命的某些禁地里大胆妄为地肆意前行。殊不知，就在耗费着自己的名声与荣誉的时候，他们也正慢慢地将自己推向深渊。

桂纶镁是我特别欣赏的女演员，因为她的眼神。虽然一直被贴以“文艺女教主”的封号，但她骨子里透着一种倔强，以及无比平静的内心。她没有当红女星的妖媚，多的是一种特别的气质。这种气质会随着岁月而沉淀，让她显得更加特别。

无论是男人还是女人，只有在年轻的时候，守住自己的心，才能在往后的人生中活得心安理得，活得优雅和体面。在你们 20 出头的时候，也许会羡慕那些开着宝马、奔驰，出入高档会所的男孩，会羡慕那些背着 LV，穿着 Prada，喷着 Chanel 的同龄姑娘。也许那一辆豪车就能买一间公寓，一件单品就能够让你交两个月的房租，也许你省吃俭用的钱不及他们在 KTV 一晚的消费。可是，请不要因此乱了自己的心智，更不要在不该拥有这些东西的年纪里惶惑不安。当你跨过 30 岁时，当你通过自己的努力得到这一切时，你会为自己曾经的默默付出与坚持而露出欣慰的笑容。

人生可以有很多种选择，也有很多种可能。在这条漫长而艰辛的人生道路上，我们都是普通而平凡的小人物，因此我们更应该懂得：生活是自己的，与他人的眼光无关。我们只有默默地去努力，忍耐着长久的寂寞与孤独，最终才能守住日后迟来的繁华。

从此，你的路叫作远方

那天，你放下了天，放下了地，

放下了生命中的千山万水，

收拾好行囊，独自远行。

从此，你的路叫作远方。

有一种人，他们选择离开自己的家乡，放弃了原本稳定的工作，在本该谈婚论嫁的年龄选择了漂泊，选择了远行。也许你会说他们傻，放着安逸的生活不过，偏偏踏上了这条路。每个生命个体都有权利去选择另一种人生。他们为了自己的“远方”，去寻找生命的价值，去丰富人生的旅程。

我非常支持女性去寻找自己的“远方”。尼日利亚作家奇玛曼达·恩戈兹·阿迪契在美国著名女校维斯里学院 2015 年毕业典礼上发表演讲时，她分享了自己对女权主义的独到见解和人生建议。她说:“永远不要因为‘你是个女人'而去做什么或放弃什么。"这句话是这场演说的核心所在，赢得了众人的支持。

结婚生子，是女性永远绕不开的问题。同样，也因为这个问题，很多女性最终选择了和这个社会的价值观妥协，遵从父母之命，草率地结婚生子，过上了所谓的安稳日子，但这是生命中的一种缺失。有时舆论总是会带给女性一种无形的压力，也让女性形成了一种既定的思维模式：如果不结婚生子，不相夫教子，你就该受到谴责，就是对父母不孝，甚至会被外界看成是怪胎。可是，作为女人，你不该被这些传统的道德观所绑架，你应该有更广阔的空间和舞台。

在一次去澳大利亚的旅途中，我认识了导游小洁。那年小洁 27 岁，小麦肤色，齐耳短发，穿着宽松的 T 恤，显得格外精神。她带我们游遍了澳洲的著名景点，丰富的学识与谦逊的态度也着实超过了同龄女子。我问她为什么会选择来澳洲做导游。然而，她用惊异的眼神反问我，为什么不？那一刻我突然愣住了，为什么不？对于这个问题我似乎从来都没有考虑过。

小洁大学毕业后就去了一家知名英语机构做雅思培训老师。虽然做雅思培训工资很高，但有一天她突然发现自己的人生不该是这样的，不该被限定在某种固定的生活圈子中。之后，她不顾家人的反对，辞去了工作，踏上了远行的道路。她说自己也不知道为什么要这么任性地离开，但她就是想去寻找某种东西，那种东西靠近自己的灵魂深处，无关他物。

她的第一站选择了新西兰，她在一家旅行社做导游，养活自己，顺便还可以感受新西兰的自然风光。后来，她带团去了欧洲、美洲，现在她主要负责澳洲团。当然，在这些年里她也遇到过很多困难，，她被小偷偷过东西，也曾迷过路困在山里，甚至遇到过山体滑坡。不过，她都安然度过了，这些对她来说都已经不是什么大事。她告诉我，当你走多了，看多了，经历多了，就会发现曾经纠结的事情都无足轻重。

远行的日子里，她的世界观与价值观都发生了较大的变化。她说，因为选择了远方，所以会更加珍惜生命中的相逢与离别。每一段旅途都是缘，因为相遇是缘，所以会更加珍惜生命中路过的千山万水。不停地行走，不停地体悟生命的真谛，后来才会慢慢发现人生中最该珍惜的是什么。

齐豫在《橄榄树》中唱道："不要问我从哪里来，我的故乡在远方，为什么流浪，流浪远方……"这首歌的歌词是三毛所作，她一生"流浪"过五十四个国家，最终选择在沙漠中定居。她寻到一个"远方"，给不安的灵魂找了一个归宿。

请不要选择一种既定的生活方式。"远方"不是一个限定，也并非意味着一生的漂泊。"远方"是一种生活态度。年轻的时候多走、多看、多经历，才不会因为柴米油盐的琐碎让自己成为生活的奴隶，才不会哀叹年华易逝、岁月催人老，才会更加明白什么样的人生才是最适合自己的。那些有勇气抛开一切、背起行囊的人，他们能够倾听灵魂的诉求，静静地踏向远方的路。

有一种生活叫漂泊，有一种人生叫远方。在踏上远方的路时，你会变得更加爱惜自己，更加珍惜身边的人，更加懂得生活的意义所在。

那一低头的温柔，照亮了岁月

当年一切的痛与泪，
都悄然地被掩埋在岁月之中。
而举手投足间的温柔
像是一束光，
照亮了前方的路。

一个人的坚强，并非真枪实弹地与这个世界来一场厮杀。这样的厮杀只会造成另一种可憎的结局。我们总会看到一些上了年纪的人，满脸都显现着岁月的沧桑，像是经历了一场腥风血雨的洗礼，面目狰狞。人到了一定年纪后，灵魂深处的某些东西都会诉于面目之上。人们总是在想尽一切方式去留住容颜，殊不知容颜就在抱怨与愤恨之间永远地消逝了。

每个人对生活都应该留有一丝温柔，尤其对女性来说更是如此。现代社会对于女性实在有些苛刻，不仅要貌美如花，还要事业有成、相夫教子。女性在这样的社会压力下难免会有情绪失控的时候。不过，上苍还赋予了女性独一无二的气质，那就是温柔。温柔能够帮助女人抵御时光的摧残。温柔并不代表着顺从，而是要将一切暴风骤雨化作和风细雨。

摩西奶奶本名叫安娜·玛丽·摩西，生于美国一个农场的贫穷家庭。她的前半生或者更准确地说是“大半辈子”都平淡无奇，她嫁给了一个农场工人，生了一堆孩子，每天所做的无非是擦地板、挤牛奶这样的粗活，和其他农妇别无二致，平时也做一些刺绣工作。这样平凡的生活一直持续到了76岁，摩西奶奶得了关节炎，那之后，她只得放弃农活。至少在这个时候，我们从这双饱经风霜的手上还看不出有什么艺术家的气质。

如果不是因为关节炎，摩西奶奶也许这辈子会一直在枯燥无味的琐事中生活直到去世，但是人生从来都有太多的偶然，摩西奶奶在 76 岁高龄的时候从零开始，试着绘画。

这需要莫大的勇气。在这灵光一闪之前，摩西奶奶的双手还是一双干农活的手，从来没有拿过画笔，她甚至几乎没有出过远门，毕生待在家乡。但是摩西奶奶才不管那些事，已经没有时间犹豫纠结，做自己喜欢做的事，一切就是这么简单。摩西奶奶握起了画笔，在 76 岁时开始画人生的第一幅画。

80 岁的摩西奶奶在纽约举办了个人画展，引起了巨大轰动，她的画成了艺术市场的抢手货，她也因为自己的画多次获奖。此时的摩西奶奶，已经不再仅仅是一个“民间艺人”，她已经成为闻名世界的风俗画画家。而即使在这个时候，摩西奶奶也说不出自己的绘画是受了美术界哪一流派的影响。

她毕生生活在农场中，她最为熟悉的农场生活也就成了她笔下的创作题材，这其中一部分是对童年时的回忆，其中有伤感的怀旧，有欢快的记忆，她的作品能够捕捉到很细微的东西，在她的画笔下，人与自然和谐相处，其明快的手法以及大胆的色彩使其作品别具一格。摩西奶奶就这样一张接一张地画着，从没想过名与利，她只是用这样一种自己感兴趣的事情消磨时间而已。她从 76 岁拿起画笔到 101 岁去世，一共为我们留下了 1600 幅画作，其中有 6 幅作品是 100 岁之后创作的。

岁月给摩西奶奶的脸庞刻上了皱纹，却没办法影响她对世界温柔的热爱的心。她说："哪怕你已经 80 岁，去做你喜欢做的事，上帝也会为你打开成功的大门的。"

当我们看到许多年过 50 的女人，心中不由得会生出一股凉意。在岁月的打磨中，她们的面容已经不再舒展，而是被时光雕刻上了凶狠与凉薄。即使微笑的她们，眉宇和嘴角间依旧透着"恨"意。

当一个女人的内心足够坚毅的时候，她的容貌就会变得温柔、淡然；相反，内心越是脆弱、胆怯，就越要用强悍的外表来掩饰。曾经有一段时间，对于任何事，我总是表现得非常强势、咄咄逼人，觉得那样才是一个女人该有的强大，总觉得那样就不会被人欺负。其实，那恰恰表现出我内心的软弱。那时，自己就是个什么都看不惯的叛逆女子，总是会和母亲在某些问题上争论不休。然而，每次与母亲争论过后，她都会让我照照镜子，看看自己狰狞丑陋的面孔。那是一张扭曲变形的脸，更是一张令人心生怨恨的脸。镜子中的面孔变得触目惊心，不再让人喜欢。那时，我开始惶恐起来，担心如果一直这么下去，到了 40 岁后，这张脸会变得多么不堪入目。

母亲一生并不顺利，但她对于任何事、任何人都温柔依旧，慈悲和善。后来，我渐渐地明白了她的警示。在成长的道路上，我们都想变得更强大，能够独自承担生活的重担。然而，就在这条路上，我们并非要与世界为敌，而是对所有人与事都温柔以待。一位女性的力量绝非是用什么“女汉子”、什么“哥”、什么“爷”这些称号将自己包装起来，显得强大无比，而是用你本性中的温柔去面对这凉薄人世中的一切。

人们都曾想象自己哪天会成为一位盖世英雄，都曾想过徒手斩去一切罪恶与伤痛，然而却渐渐忘记了人之所以为人，是因为心存一丝柔意。表面的凶悍不是真正的强大，而是胆怯的另一种表现。真正的强大，就是在你知道自己的弱小后，依旧能温柔地对待世间的一切悲苦；真正的强大，就是在你渐渐懂得人情世故后，依旧能对伤害过你的人温柔一笑；真正的强大，就是在看尽世态炎凉后，依旧选择温柔地在风雨中前行，依旧选择温柔而坚强地活着。

朋友，你应该渐渐明白相由心生这个道理，更应该明白温柔的力量。愿你的容颜不要在岁月的侵蚀中变得狰狞，愿你的心在时光的雕琢下变得更加慈悲与温柔。

以一颗温柔的心，融化生命的悲苦

如何面对生命中的悲苦苍凉？

以温柔的名义。

温柔是一个人身上独有的特质，它让我们在岁月的碾压中愈加芬芳。那些生命中悲苦的记忆在时光中宛若画布上的一抹水墨，沉静且美好。

朋友明菲曾受邀为马来西亚方瑾慈女士写传记。方瑾慈女士完全没有 40 岁女人的沧桑，也没有商人身上那股世俗气，反倒有一种云淡风轻的书卷气。这个女人的人生远远比小说要精彩。

方瑾慈说，那年她患上了失眠症，眼前经常出现幻觉，无法医治，只能自救。镇静剂只能麻痹神经，暂时平稳情绪，但起不到根除的作用。后来，男友再也无法忍受这种折磨，永远消失在她的生命之中。为了疗伤，也为了缓解病痛，她放弃原先令人羡慕的工作，申请到马来西亚做华文老师。然而在某一天，她突然犯病，将整个教室给砸了。她被辞退，由于签证问题，很快就要被遣送回国。就在她走投无路的时候，学校的一位老师帮她介绍了一个工作——在马来西亚的热带雨林植物园做中文翻译。由于她在中国有丰富的工作经验，加上流利的英文，很快就胜任了热带雨林的工作，也得到了热带雨林老板苏先生的赏识。

她说生活最精彩的就是它充满了不确定因素。正当你以为日子将会按照正常的轨迹发展下去的时候，它却会反转成另一种样貌，让你措手不及。不过，也正是那突如其来的不确定，才给了你战胜一切的勇气和决心。

那年 12 月的最后一天，一群人来参观热带雨林，她作为中文翻译为他们解说。可就在这群人中，竟然有她原来那所学校的校长。那个校长认出了她并诋毁她。众人议论纷纷，都像躲避瘟疫一样地逃开去。要么逃避，要么面对。方瑾慈告诉自己，就算再怎么艰难也要硬着头皮走下去，大不了就是被遣送回国罢了。后来，她才知道，那天热带雨林的老板苏先生将那位校长赶出了公园，他不希望任何人侮辱他的员工。这位苏老先生给了她重生的希望。

没过多久，她的病情加重了，出现了幻觉，需要终身服药。其实，那时候她准备要离开马来西亚的，不过这件事让她打消了念头，加上苏先生的再三挽留，她决定留下来。苏先生将她当作女儿看待，后来，方瑾慈作为他的私人看护——尽管她自己也需要人去照顾——陪他度过了最后的时光。或许是苏先生的感激之情，又或许是方瑾慈女士本身的管理才能，他将集团托付给了她。方瑾慈为了报答苏先生曾经的收留之恩，一直都没有结婚，既怕财产问题会葬送了苏先生一生的心血，又是因为她的病。尽管这些年来她一直都在服用药物，但是幻觉依然会在某个特定的时候来到她的生活里。命运给这个女人带去太多不该承受之重，也因此成就了这个女人。洗净铅华，泰然处之。

方瑾慈女士说，感谢生命中的一切，才能让她成为现在的自己。她的父亲在她15岁的时候被债主追债，最终跳楼，而母亲也因此消失了。从此，她需要依靠大量的镇静剂去维持正常生活。

方瑾慈希望明菲能将所有的故事都记录下来，但这一切在她生前务必封存。明菲被这个女人强大的内心所震撼、折服。40岁的她，经历世事沧桑、人情冷暖，却依旧能如此淡然、优雅，着实不易。

那年，方瑾慈女士告诉明菲，她已经立好遗嘱，将名下所有的财产都捐出去。当明菲将这个故事告诉我的时候，我的心情久久不能平静……

请不要被命运的枪林弹雨所摧残，也不要葬送在命运的刀光血影中。面对生命中的悲苦，请用温柔的名义，笑着和它说一声：你好。那些坚强地走在时光中的人，不再惶恐与不安，更不再徘徊与踟蹰，而是用一颗温柔且慈悲的心融化了这苍凉的岁月。

沉下心，以抵达内心的繁华

无须隐居山林，
只需在闹市中寻一处静谧，
以此来安放灵魂的荒芜，
抵达内心的繁华。

沉静是一种特质，源于内心的淡定和从容。有这样一种人，他们平日没有多少言语，在人群中甚至会被忽略。在这个纷乱的世界里，他们似乎总是被人遗忘，甚至会被人低估。然而，他们大多都拥有着独立的人格，对这个喧嚣、嘈杂、烦乱的世界有着清醒而深刻的认识。他们不需要去刻意迎合，也不必随波逐流。这种人的存在是难能可贵的，因为在他们沉静的外表下隐藏着旺盛的生命力与不挠的精神。

我在英国留学时认识了思如，她是一位自由撰稿人。由于两岁时就和家人去了英国，思如的性格中带着英国人的沉静与内敛。她留着复古短发，喜欢穿着长裤，平日随身带着纸笔，避免灵感的稍纵即逝。那时，我们几个朋友会约好一起去喝咖啡，或者选择去看一场莎翁的悲剧。虽然她的话不多，但每句都可以成为经典。

思如和这个世界显得有些格格不入，像是生活在他处。有时大家聊着聊着，她就会突然游离，静静地走到坐在马路对面发呆的孩子身边，然后和孩子一起发呆。一开始，我们并不能接受思如这种性格，感觉她不能融入集体中。随着时间的推移，我们从她的作品中慢慢地了解了她的内心世界。她在书中写道:“我不需要隐居山林，只需在闹市中寻一处静谧，以此来安放灵魂的荒芜，抵达内心的繁华。”当读到这句话时，我才发现思如的内心是如此丰富和强大。再看看她为之奋斗的事业，莫名中发现这个女人并不简单。三十多岁的她，至今还选择单身。她说在这个世界不仅仅有爱情，还有更多的事情要她去做。在英国，她积极投身女性事业，为女性的权利而奔走。她在演讲中说:“女性应该为自己的权利而团结在一起！”

思如的沉静是一种力量。她清楚地知道自己到底想要什么。她说:“从前，我以为这种性格并不利于我的职业发展，也不利于我在这个世界上生存。曾经，我试着让自己变得外向，去参加各种活动，去和各种各样的人打交道。不过，最终我还是回归了自己原来的性格。我发现并非只有外向才能展现我的能力，也并非外向才能帮助我做出一番事业。我渐渐找到了自己性格中独具一格的魅力，那是无可替代的。”

纪伯伦曾经说过:“当你无法和你的思想和平共处时，你开始说话；当你无法安居于内心的孤独时，你便开始活在双唇之间，声音成了一种消遣。”纪伯伦的话并非在否定言语，而是强调了沉静的力量。沉静更能让一个人静下心去独自思考，更能让一个人谨慎地去发表言论，并对自己所说的话负责。在现实生活中，那些口无遮拦、搬弄是非的人是令人反感的。他们对别人评头论足时，也在添油加醋，并且将自己丑陋的灵魂展露无疑。他们将很多非事实的因素加进去，将自己置入风暴的中心还沾沾自喜，因而很多不实的言论就这样像病毒一样传播开去。如果一个人无法管住自己的口，那么他一定无法安静下来面对自己的灵魂，更不会清楚自己到底想要什么。

沉静，是一种生活态度，也是一种思维方式，代表着你对人生的选择。即使你每天必须周旋于繁乱的人际关系中，或者不得不去处理大量繁复的事务，你应该为自己腾出一点空间去独自思考。即使是一个小时的“闭关”，也会让你的人生发生改变。这种沉静是非常重要的，在这个纷乱复杂的世界里，在这个弱肉强食的世界里，我们必须清楚地知道自己到底要的是什么，必须清楚地认识到自己的生活不该被某种规则所主导，更不该被某种潜在的思维所左右。

当我们开始慢慢变得沉静的时候，就会发掘自身更大的潜能，就能更加靠近自己的灵魂。后来，你会发现自己不再匆忙地下一个决定，也不再慌乱地去准备一项事务，而是会安静地坐在公园的长椅上，看着蔚蓝的天空，淡定从容地去思考未来的计划和目标；后来，你会发现自己不再轻易地在朋友圈、微博上发表自己的言论，不再在虚拟的世界中去关注他人的生活，更不需要别人来关注自己的生活，而是回归到现实世界中，脚踏实地去对待自己的人生和工作事务；后来，你会发现在应对更多复杂而繁乱的人际关系时，你不会再焦虑、害怕，而是静静地梳理，理性地分析，从而认清自己的立场和态度。

沉静是一种靠近灵魂的生活方式，沉静能让你不再随波逐流，不再妄自菲薄，也不再被外界所烦扰。

生活是一件慢条斯理的事

请停一停匆忙的脚步，
去感受生活中的小美好；
请梳理杂乱的心绪，
用心浇筑那些无可比拟的感情；
请告别过去的节奏，
慢条斯理地活一次。

这些年，你是否总是步履匆匆，追着时间赛跑？这些年，你的生活是否一直都围绕着考不完的试、忙不完的工作？我们渴望成为这个时代的英雄，凭借自身的努力与奋斗去完成那些遥不可及的梦想。殊不知，我们就这样慢慢将自己葬送在这种高速运转、永不停息的生活中。

朱光潜先生在《慢慢走，欣赏啊》中提到在阿尔卑斯山谷中一个路边的标语牌:“慢慢走，欣赏啊！”这个标语牌劝告游人不要匆匆行过，留下一点时间去欣赏山谷中的风景。其实，慢下来是一个非常微妙的过程。在这个过程中，生命中的一切似乎变得清晰可见。我们慢慢地行走，便能感受到道路两旁未曾发现的美好。

小风是一位我很喜欢的姑娘，在外企工作，每天都很忙碌，有很多应酬，还经常加班。不过，即便如此，她每天都会花一个小时去练瑜伽。她说在练瑜伽的那一个小时里，自己才真正触碰到生活的某种存在。在呼气与吸气之间，身体开始变得柔软与放松，心情平和下来，烦恼与躁动不安也得以释放。

小风告诉我，随着年龄的增长，她慢慢发现自己的生活一直都在围着工作转，为升职加薪绞尽脑汁。随之而来的是颈椎的酸痛，整个身体机能的下降，以及使用再昂贵的化妆品都无法换回的青春。看着日益暗沉的皮肤，熬夜加班换来的黑眼圈和眼袋，像老了10岁一样，小风开始反思自己到底得到了什么。她开始慢慢明白，用身体的健康换来的功名利禄都是过眼的云烟，不理智并且非常愚蠢。后来她开始规定自己的作息，就算工作不能完成，到了十一点也必须睡觉。因为工作永远是做不完的，而身心的健康是有期限的。与其高速运转去消耗它，不如放慢生活的节奏去保护它。

在海南生活的那两年时光里，我整个人的节奏都放慢许多。那里的人有着自己的生活态度与方式。在海南，你走几步就可以看到一个茶吧，而喝茶是当地人必不可少的生活。他们可以喝一下午的茶而不去担心工作或者赚钱的事。每到节假日，那里的人会带着一家老小去海边露营、烧烤，在海天之间，一切都显得那么渺小、微不足道。那里的人会为了当地的生态环境，宁愿放慢发展，也要抵制造纸厂入岛。那里的人不会牺牲自己的休息时间去赚钱，更不会以损害自己的身心健康为代价。

初到岛上的时候，我还没有适应这种慢节奏的生活，甚至有一丝担忧。我会害怕自己再回去的时候全然跟不上原来城市快节奏的步伐。不过，这种担心显然是没有必要的，因为生活节奏的快与慢完全掌握在自己的手中。一味地以牺牲居住环境和身心健康来获取某种经济效益和人生价值，是一件得不偿失的事。如果每个人都放慢自己的生活节奏，那么整个城市的步伐也会慢下来，而环境污染、亚健康等问题都将有所改善。

也许在压力下，你已经习惯了快节奏的生活，习惯了在步履匆匆中的每一天。你会告诉自己，只有工作出色，才能得到老板的赏识，才能升职加薪，才能有更好的发展机会。这么多假设成了你忙碌的动力，也成了你生活的全部，最后，完全沦为工作的机器。你会看着永远做不完的工作，以及这无限循环的人生，渐渐地开始痛恨生活。

林清玄说："浪漫，就是浪费时间慢慢吃饭，浪费时间慢慢喝茶，浪费时间慢慢走，浪费时间慢慢变老。"生命中我们可以感受的美好与浪漫，都是那些被定义为"浪费时间"的事情。为了工作，我们开始忘记吃饭，或者迅速、简单地就去解决一餐。其实，享受食物是一个非常美妙的过程。我们慢慢地去品尝，体会烹饪者在食物中注入的爱与感恩。我们慢慢地去烹饪，体会生活中的五味杂陈。为了工作，我们忘记了生命的最终意义，着实成了工作的奴隶。我们在为了工作而工作，为了忙碌而忙碌，全然忘记了工作只是生活的一部分，也忘记了生活还有其他更重要的事情。

生活本身就是一件慢条斯理的事。当我们放慢自己的生活节奏时，我们对生活的认识也会有所改变。

SEVEN

唯独你不可以平庸

优秀的人，是最强烈的光照

优秀的人，是最强烈的光照。
他们让你看清自己的渺小，
看到自己的无知、浅薄、孤陋寡闻；
更让你懂得用一颗谦卑的心，
去面对宇宙中的浩瀚星辰。

人总是有这样一种心理：喜欢比自己弱小的人，排斥比自己优秀的人。比自己优秀的人会对你造成压力，甚至抢走你更多的机会。如果长期抱着这种心态，你将会变得自以为是，觉得这个小群体就是世界。相反，那些喜欢交往更强大朋友的人，会看清自身的不足与弱小，变得越来越谦卑、谨慎，并且暗自努力，不断提高自己。正所谓“近朱者赤，近墨者黑”，与优秀的人交往，自己也将越来越优秀。

3 年前的梓山桀骜不驯，对谁都不屑一顾。梓山是个数学天才，在金融领域有着独到的见解。那个时候，他初出茅庐，自认为在 20 多岁就已经取得了非凡的成绩，而且越来越看不起周围的朋友，后来被派去纽约的分公司工作。

3 年后，再见到梓山的时候，我发现他已经完全没了当初的心高气傲、不可一世。我问他："梓山，这几年不见，你怎么不爱说话了？像变了一个人似的。"他有些不好意思地笑了："也许是整个人不再浮躁了吧。后来我去了华尔街。相比那里的人，我发现自己是那么渺小，几乎什么都不是。我以前就是一只井底之蛙，不知道外面的世界有多大。天外有天，人外有人，如果只是安于眼前的成绩，那么我将永远无知下去。"他叹了口气，接着说，"在那里，我遇到了无数解决不了的难题，压力大得很。那边的同事几乎都是哈佛、普林斯顿毕业的，要想追上他们的步伐，我得花不少力气。后来我才知道自己从前的无知、浅薄与孤陋寡闻。"和更优秀的人工作，梓山明显要谦卑很多，而且更加努力了。

优秀的人就像是最强烈的光照，能够驱散那"自以为是"的阴霾，并且能够让一个人脚踏实地，不再浮于表面。

有一次，美国马瑟公司总裁奥格尔维召开了一次董事会。会议上，他在每个董事面前都摆了一个相同的玩具娃娃。董事们看到这个娃娃都非常惊异。奥格尔维对他们说："请大家打开看看吧，这就是你们自己。"于是，董事们将娃娃打开，发现了这样一个有趣的现象：每一个娃娃打开后就出现了一个小一号的娃娃，就这样连续打开了好几个。

当打开最后一个小娃娃的时候，他们发现里面有一张字条。上面是奥格尔维留下的一句话："如果你总是雇用比自己弱小的人，那么公司就将变成矮人国，渐渐成为一家侏儒公司。反之，如果你总是雇用比自己强大的员工，那么公司必将成为一家巨人公司。”侏儒公司的形成就是打开套娃的过程：你所用之人都比你差，那么他们做出来的事情也都将比你差，那么你的公司将会越来越弱小；然而，巨人公司的形成正是关上套娃的过程，强大的、优秀的员工能带动公司成长。这次的会议给董事们留下了深刻的印象，并在日后的雇用中都选用更加优秀的人才。

请和比自己优秀的人交往，这样你才会看到自己的不足与弱小，看到自己的无知与平庸。他们的存在不是对你的威胁，相反，他们会时刻提醒你：如果不变得更加优秀，那么终有一天你将会被替代。一叶障目、骄傲自负都会让你变得麻木不仁、停滞不前。所以，请学会与更优秀的人交往。

不要抱怨这个看脸的世界

醒醒吧，

不要抱怨这是个看脸的世界，

更不要抱怨美丽的人，

走在你的前面。

因为，你确实没他们优秀。

杨澜说：“没有人有义务必须透过连你自己都毫不在意的邋遢外表去发现你优秀的内在。”尽管这句话有些刺耳，让人抱怨这个世界怎么会如此直接，但你不得不承认，追求美好的事物是人类普遍的心理和价值取向。

当然，美好的事物也包括一个人的外表。不管你的内在有多么优秀，邋遢的外表都会将它彻底掩盖。为什么男人总是爱美女，女人总是爱看帅哥？因为他们能带来赏心悦目的感觉，能让自己感到愉悦与快乐。同样，出众的外表能让你在生活和职场中获得更多机会。外表不仅仅包括父母赐予的容貌，还包括一个人的言谈举止。

某公司要在两位女性中选择一位客户经理。A 拥有丰富的工作经验，而 B 比 A 稍逊色一点。大家都以为 A 会得到这个职位，可是让所有人不解的是 B 被老板留了下来。为什么？人力资源部的负责人的解释是："尽管 A 的工作经验丰富，但是她有些驼背，少了点气质。相比之下，B 的腰板很直，气质非常好。既然加入了我们，那么她就代表了公司的形象，就算经验再丰富，可外形上你显得没有精气神与自信心，那么我们还是不会考虑的。当你处在这种缺乏自信的状态下时，还怎么让客户信任你，信任我们公司？"在这个时候，所有人都恍然大悟。没错，在这里 B 明显要比 A 更有气质，并更能得到用人单位的青睐，以及客户的好感与信任。试想一下，如果你是客户，会信任一个在外形上极度没有自信的经理吗？

很多女孩都非常羡慕那些天生丽质的美女，认为她们可以凭借这一优势轻松地获得更多的社会资源。

不可否认，她们的确是一群幸运儿。然而，这并不能成为你不漂亮的借口。其实，如果你在 20 岁的时候这么说，那是可以理解的。可如果到了 30 岁你还这么说，那只能怪自己活该如此平凡了。因为 20 岁时，一个人的面孔是上天赐予的；而在 30 岁时，面孔就是你自己决定的。随着年龄的增长，人的外表是会变的。正像《晚秋》中的汤唯，《花样年华》中的张曼玉，以及《雏菊》中的全智贤，无一不让人为她们着迷。一个女人的容貌早晚会衰老，唯有气质可以撑起 30 岁后的她们。在 20 年后，你会发现曾经被同学们称为"校花"或"女神"的姑娘全然变了样，再也不是那么光鲜亮丽、超凡脱俗了。相反，那些班里并不出众的姑娘被岁月赋予了独特的魅力与气质。

其实，外在也表现了一个人的生活方式与处事态度。因为要想形象出众，他就必须学会管束自己的身体。在我看来，管束自己的身体需要巨大的毅力。正如弯腰驼背这件事，它与懒散的生活态度有关。保持背部的挺直是一件非常辛苦的事，需要一个人的意志力。当人在家的时候，就会处于一种轻松的状态，坐在柔软的沙发上，自然不会再约束自己的身体。久而久之，当他习惯这种轻松的状态后，就会恶性循环，即使在公共场合背部也总是塌着。

我记得以前有个女性朋友，她为了克服驼背的问题，狠下心每天都穿塑身内衣去管束自己的身体。她说:“塑身内衣可以在短期内让你的形体有所改变，能够将你整个人都往上提拉，腹部也会收紧许多。一开始你肯定无法忍受这种被捆绑的感觉，不过习惯后会让你整个人的气质都有所改变。”之后，她还坚持上瑜伽课。她说，“练习瑜伽是一个非常有效的方式，能够让你在非常轻松的环境下保持挺拔的姿态。此外，当你和很多人在一起练习的时候，自然会有所对比，当然就不会松懈了。”就这样坚持了很久，她的背部果真不再弯了，人看上去显得特别有精神。

这个世界上没有丑女人，只有懒女人。一个人的外表是可以通过努力改变的。当你看到一个非常有魅力的女人时，不要觉得她理所当然这么美，因为在不为人知的时光里，她付出了旁人无法体会的努力。

香奈儿说过:“穿着破旧，则人们记住衣服；穿着无瑕，则人们记住衣服里的女人。”我非常赞同她对美的执着与追求。我特别建议女孩子，在自己有条件的情况下多买一些有品位的衣服、鞋子、包包，还有化妆品。不要觉得这些东西没有意义，它们可以提升你的外在气质，并且可以改变你对生活的态度。

朋友，不要再抱怨为什么那些没有你有内涵的人抢走了你的工作，也不要再认为内涵比外表重要。事实是，外表和内涵是同样重要的，因为外表是一个人的名片，决定了对方是否有兴趣继续和你相处下去。没错，这个世界就是这么直接。

别把太多人请进你的生命

我们因为害怕孤独，
所以喜欢扎堆人群之中，
喜欢在社交网络中寻求某种存在；
我们因为看重他人的眼光，
所以不遗余力地伪装自己，
为自己贴上一个完美的标签。
可是，这样的你不会觉得累吗？

三毛在《简单》中提到："我们不肯探索自己本身的价值，我们过分看重他人在自己生命里的参与。于是，孤独不再美好，失去了他人，我们惶惑不安。"

不久前，一位澳大利亚昆士兰的 18 岁女模特决定关闭自己的 Ins。她 12

岁的时候便踏上了模特之路，并且在Ins上拥有五十七万的粉丝。她在退出视频中谈到自己为了塑造社交网络中的形象，让自己的生活变得多么糟糕。她揭秘自己贴出来的那些看似很美的照片背后所花费的时间和精力：为了拍摄效果，她画着大浓妆，穿了紧身衣，佩戴各种笨重的珠宝。一张照片要反复拍摄五十多次，之后通过不同的软件，耗费很长的时间去修图。她觉得19岁的自己太过注重身材而忽略了其他更美且真实的事情，比如写作、探索、游玩。她现在很讨厌在这些毫无价值的东西上找到的存在感。姑娘的控诉引起了众多网友的共鸣，也得到了大家的支持。

不要太过看重别人在自己生命中的参与，以及他人的眼光与评论。你可以传美丽的照片，也可以发表自己的心情，但如果耗费了大部分的时间和精力，仅仅为了得到众人的赞美和欣羡，你就已经将他人放在了至关重要的位置，生活中一切美好的事情也都变了味。当你发现自己去旅行、健身、吃饭、听演唱会仅仅是为了在朋友圈里发一张图片时，你将再也无法体会到这些事物带来的纯粹快乐。取而代之的是，你必须绞尽脑汁地去想与照片相匹配的文字，然后再绞尽脑汁地去回复各种朋友的评论。

在没有社交网络之前，我们同样会被周围人的眼光与评价困扰。从小，我们似乎就成为父母之间攀比的工具，久而久之也习惯了这种比较，后来也渐渐在乎自己在同学、老师眼中的印象。后来，我们会越来越受到这种眼光的制约，慢慢成了笼中鸟。我们的人生似乎就是为了他人而活，做的一切也都是为了给他人看。

在互联网时代，很多人渴求被了解，于是会在朋友圈里发许多关于自己生活的照片，配上许多对生活的感悟。你热切地期盼自己能参与到别人的生活中去，扩大自己的交际圈，然而这种做法只会适得其反。也许有的时候你发的内容并不受大家的喜欢，相反会遭来别人的嫌恶。

其实，你的人生已经足够丰富多彩。人脉并不是通过生硬的方式去丰富和获取的，人脉与自我优秀值之间是一个相辅相成的过程，或者说你自身站的高度，以及自身的人格魅力、处事方式等因素决定了你人脉的质量。所以，你不必刻意地去认识所有人，也不必向所有人献媚，因为这并不能长久地去维系一段关系，而且你也会为了迎合而慢慢失掉自身的独立性。这是一个得不偿失的做法。

人的一生很短，况且心的空间也只有那么大。谁对你真，谁对你假，你完全可以感受到。所以，你又何必和所有人亲密无间？又何必将所有人都请进你的生命之中？常言道，锦上添花人人有，雪中送炭世上无。有一天，在你最悲伤绝望的时候，或许第一个离开你的便是那个与你朝夕相处、吃喝玩乐的人。如果真的有那么一天，请不要太过悲伤，因为你将看清谁对你来说是最重要的。

亲爱的，你无须太看重别人在你生命中的参与，更无须太看重自己在他人眼中的形象。你的身边只要有两三个真心实意的伙伴，既能陪你度过生命中的严寒酷暑，又能陪你享受人生中的繁华绚烂，那就足够了。人生的意义并不在于获取，而是在经历后懂得放下与舍弃。当你开始舍弃某些东西的时候，你将得到更加纯粹的人生。

选择正确的方式生活

一种健康的生活方式，
能够让你更加乐观、开朗，
并且保持年轻的心态，
应对生活中的一切不如意。

保持健康、规律的生活方式，才能应对生活中的一切挑战。很多人都患有焦虑症和失眠症。这些症状都是来源于过多的压力与不良的生活方式。

在十八九岁的时候，我很喜欢深夜写作，觉得那很刺激，也非常有灵感。不过，这是一种十分危险的生活方式。

你可以从一个过了 30 岁的女人身上看出她对待生活的态度与方式。年龄会让一个女人的基础代谢下降，而保持身材便成了一件头痛的事情。如果你还像小姑娘那样随便饮食，不加以控制，那么身材会很容易走样。可是如果身体没有摄入足够的营养，不仅气色会变差，而且也会加速衰老。

有的时候，网上会曝出一些有着不老童颜的40岁或50岁的女人。她们大多有着20多岁的容貌和身材，有着积极向上的态度。当你不知在节食和摄入营养之间如何选择的时候，那还是去运动吧。当一个女人为了保持年轻、富有活力的状态，并且爱上运动的时候，那么她也就慢慢学会了克制。她慢慢懂得，不要贪恋食物的美味，不要在饭后就坐下或躺下，不要让自己任意妄为……

此外，运动可以让你保持愉悦的心情。很多人在遇到烦心事的时候，会选择食物治愈法，往肚子里塞满各种食物。不过，这种暴饮暴食的方式是非常可怕的。食物的味道也许能暂时缓解你压抑的心情，但这并不能维持多久。当你看着体重秤上不断上升的数字时，你的心情将会变得更加糟糕。运动治愈法是一个长久而健康的方式。你会在流汗的同时，释放压力。

很多成功人士都推崇跑步，一个好的跑者需要具备很多素质。在每次跑步前，他们都给自己设定一个目标，而这种设定目标的过程也是超越自我的过程。当然，还需要规律的生活方式、科学的饮食，并且有计划地、严格地、科学地去训练。一个正规的跑者每分钟跑180步，每两步呼吸一下。如果你没有掌握这种节奏，根本无法跑马拉松，因为不科学的方法很容易受伤。当一个人跑到一定阶段后，他才能真正发现自己的极限。当然，想要突破极限是非常困难的，那就需要做大量科学性的训练才行。每一步的提升都需要有一整套的训练。

我的朋友J是一个长跑爱好者，并且已经坚持了很多年。在西班牙留学期间，J爱上了长跑。那个时候，他一个人在西班牙，非常孤单，加上课业繁重，于是选择了长跑作为缓解压力的方式。

我问J是如何坚持下来的，他笑了笑说:“其实，跑马拉松并非突发奇想。那正是一个从量变到质变的积累过程，需要常年的坚持。当你跑了一个五千米后，就会逐步增加。渐渐地，你就会挑战十千米、二十千米、四十千米了。当然，你想在五十分钟内跑完十千米，如果没有一年半载的训练，一般人是很难做到的。如果一个人没有跑三四年，根本不知道什么是跑步。”

J是一个很好的跑者，并且能在跑步中体会到很多。他说:“跑步是一个与自己独处的过程，因为跑步时要放下一切，包括手机，专注于自己的身体和内心。其实，这也是一种冥想，放空一切，进入一种非常专注的世界里。我觉得这锻炼了我独处和放空的能力。”事实上，对于初级跑者，每一次跑步都是杀死自己的过程，战胜自己弱小的灵魂。时间久了以后，人的心理会产生巨大的变化。

我很喜欢J对于跑步的态度，因为他认为跑步是锻炼身心的方式。表面看和身体素质有关，但跑久了以后和心理素质有关。只有身体能做到的事情，心灵才能做到。跑了第一个半马拉松后，心理上升了一个层次。一个只能跑五公里的人，那么他的心理强大程度也只有五千米，不可能有全程马拉松的内心。如果一个人能跑完全程马拉松，那么他的内心也一定是非常强大的。

J告诉我，他养成了一种健康的生活习惯，生活质量明显提高了。他发现跑步能让他变得愉快，忘记烦恼，变得乐观、开朗，并且增强了自尊与自信。此外，他学会了把控自己的身体，正确分配身体的能量。

当你养成一种健康的生活习惯时，你就会懂得如何克制自己，懂得专注与隐忍，这样你将能轻松地应对一切挑战与困境。

没有戒不掉的“瘾”

上瘾是一件很可怕的事情，

会让你产生依赖感，

并且削弱你的独立性和竞争力。

人从出生到死去，都在不断地同周围的人与事发生关联。在这个过程中，我们会不断地对他们“上瘾”，产生某种依赖感。然而，这种“上瘾”是非常可怕的，一旦他们离开了你，你就必须经历万分痛苦和折磨的脱瘾过程。

歌德说过：“我们虽可以靠父母和亲戚的庇护而成长，依赖兄弟和好友，借交游的扶助，因爱人而得到幸福，但是无论怎样，归根结底人还得依赖自己。”

有很多女孩子都会用一种几近疯狂的方式去减缓压力，而慢慢成了一种“瘾”，例如购物、暴饮暴食等。虽然这些都可以暂时缓解某种痛苦，可是过犹不及，一旦失去这些方式的时候，她们就会感到非常痛苦，伴随而来的是无尽的焦虑与抑郁，还有持续的不安全感。

朋友L特别喜欢用食物减压，她说："这个世界上所有人都会离开你，但只有食物会永远忠诚于你。"每当她工作不顺利，或者和男朋友吵架的时候，她都会去超市买上一堆甜点和饮料，将自己锁在房间里，一边看电视一边吃这些食物。吃完后，她的胃都会因不堪重负变得非常难受。

记得有一次，L的男友因为太忙忘了她的生日，后来他们大吵了一架。L拉着我跑到超市，买了整整一车的食物。当我看着这满满一车食物时，惊讶地问道："你这是要把它们都吃了吗？"她也惊讶地瞅瞅我："不然？"那天晚上大概十点的时候，我接到她的电话，说自己的胃痛得难受。于是，L由于长期暴饮暴食，得了肠胃炎。

那时候，L抱着我哭，说道："古茗，我也不想这样，可是我真的很痛苦。这是我唯一的发泄方式。我想戒掉，可是我真的已经上瘾了，摆脱不掉。"那个时候我很难过："再怎样也不能用这种伤害身体的发泄方式。食物不可能永远对你忠诚的，也会在不经意间伤害你的。"从那之后，L戒掉了暴饮暴食的坏习惯，改成了去跑步、去K歌、去练瑜伽。她跟我说，"你以前说得对，千万不能过分依赖什么，最终我还是要靠自己来战胜那些消极情绪。"

当然，除了对物品"上瘾"，人们还会对爱情上瘾，尤其是女人。她们往往会对男性产生依恋，而这种"瘾"大多会让她们迷失自我，甚至造成悲剧的结局。

因为对男性的依赖，很多女人将生活的重心全都放在一个男人身上，甚至丢掉了自己的事业与圈子。马伊琍说："事业是一个女人永远不可丢弃的部分，多少女人因为一个'钱'字选择了卑微；又有多少女人因为没有事业降低了自己的地位！”当然，女人不必非要做什么女强人，你只需要有一份自己热爱的事业，不用每天围着老公、孩子、家庭琐事团团转。这份工作只要能充分体现自身的价值就好。

人是会变的，事情也是会变化的，而你唯一能掌握的就是自己。在生活中，有些事情是不可操控的。对于女人来说，最重要的是取得生活中的主动权，而这一切都将是你受到另一半尊重的条件。

朋友，请不要对某件事或某个人“上瘾”，过分的依赖终究会伤害到自己。你必须变得足够强大，独立地克服困难，才不会被打倒。

用阅读，丰富贫瘠的灵魂

在阅读中，

我们抵御时间的荒芜；

在阅读中，

我们寄托不安的灵魂；

在阅读中，

我们丰富贫瘠的人生。

杨绛先生说：“你的问题主要在于读书不多而想得太多。”

凡是大量阅读的人，他们的人生都不会太过平庸。在阅读的过程中，心能够彻底静下来，慢慢感悟那些先哲的思想与心境，而且会反复体悟那些伟人的话语，甚至穿越时空与他们对话。

一个真正懂得阅读的人，他会享受阅读过程中带给自己的乐趣。罗兰·巴特提出“文本的快乐”，即我们阅读的书籍并非一个封闭的文本环境，而是开放性的。在开放的文本环境中，文本的意义在不断地改变、创造。最终，人们应该主动地去建立与书本的对话，而非被动地吸收书中的观点与内容。

一部经典是要反复读上好几遍的。反复阅读的意义在于：第一，在反复的阅读中，我们能更好地理解书中的整体联系，明白作者的意图。第二，在反复阅读中，我们的情感得到了升华，心境也得以开阔。人们通过读书可以了解到：在这世界上，有一种东西是可以打败时间、空间、物质和死亡的，可以不朽，可以永恒——这就是人类伟大的思想。

上中学后，随着课业压力的增大，已经没有时间大量阅读了。就算是语文课，我们也很难认真地去阅读一些文学经典。我们学会如何去背诵一句诗词，而没有感知到诗篇整体的意义，更不会举一反三、融会贯通。

父亲曾经告诫我不要将大量的时间和精力浪费在题海上，而是要大量地阅读。这件事让我非常困惑与迷茫，直到高中毕业，我始终执迷不悟地陷在做题的怪圈中不能自拔。我深信，对于我这种不怎么聪明的姑娘来说，只有夜以继日地做题才能赶上那些天资聪颖的同学。后来我才明白，那时的自己是多么可笑。在最该大量阅读的年纪，我却选择了大量做题。后来，我渐渐明白了父亲的苦心，也明白了阅读的意义和价值。

进入大学后，我开始迷恋上世界文学。在研究生阶段，我也选择了比较文学与世界文学作为自己的研究方向。我深刻地明白，当我们局限于某种文明之中的时候，会越来越看不清自己，甚至会迷失。当我们接触到更多的文明后，再反观自身，那些一直困扰我们的问题会豁然开朗。我们在书籍中看到先哲如何面对人生的困境，如何面对诱惑与风暴，如何面对生命的缺失与遗憾。渐渐地，我们的人生也得以丰富，懂得如何去面对生命的贫瘠。

人们总是在谈“腹有诗书气自华”的问题。这并非一蹴而就，而需要经过岁月的沉淀、时间的打磨、书籍的滋养。在这个时代，人的容貌是可以在短期改变的，但是那种存在于骨子里的气韵是需要长期修炼的。很多人有着靓丽的外表，但一说话就完全暴露了自己空洞的灵魂。

“桃花开得最盛的时候，也正是她走向败落的时候。”容颜终究会老去，这是无法抗拒的自然规律，丰富的灵魂则会让你优雅地抵御这无情岁月的侵蚀。

没伞的孩子，必须更努力地奔跑

我们生来都有缺陷，
我们生来就不完美，
可正是因为这些缺失，
我们才可以缔造奇迹，
成就最好的自己。

面对人生中的痛苦与缺失，也许你会郁郁寡欢，也许你会封闭自卑，但是也可以选择将生命中的缺失看作是激发自身无限潜能的开始。

艾米·穆林斯，一个天生没有小腿腓骨的姑娘。在一岁的时候，她就做了膝盖以下的双腿截肢手术。父母为了让她像正常人一样生活，并没有过多地关照她。她本来也许会一辈子都摆脱不了轮椅的束缚，背负失去小腿的压力，承受外界颇具偏见的眼光。然而，艾米用自己的坚强与毅力走了另一条路。在两岁的时候，她就学会了用假肢独立行走。她说自己从小就和义肢共同生存，走路、跑步。她从来没有坐过一天轮椅，并且和同龄孩子一起玩耍，爬树、骑车、踢球，和其他孩子没有什么差别，唯一的不同就是她是用义肢来完成这一切的。

艾米从来没有觉得自己有什么缺陷。当别人夸她的腿非常美，根本就不像残疾人时，她反而觉得很奇怪，因为她从来没有觉得自己是残疾人。正因为这种对人生的态度，她在高中时期就成了垒球运动员、滑雪能手，20 岁的时候参加了美国亚特兰大残奥会，并且缔造了新的世界纪录。

后来她去了美国乔治城大学攻读历史和外交，节假日时她会作为情报分析员在五角大楼里实习，而这个 249 人的部门里她是唯一的女性。她是美国大学生体育协会第一届田径比赛的首位双腿截肢选手。她不仅在运动场上创下两项世界纪录——女子 100 米跑和女子跳远，还在其他领域进行着尝试。毕业后，她去 T 台上走过秀，又在马修·巴尼的《悬丝》中以豹皇后的形象出现，还担任了体育电影节的官方大使。

艾米·穆林斯将不可能变成可能，并缔造出更多的奇迹。她说，义肢的作用不再是代替身体缺失的部分，它更给佩戴者带去了无限的想象，创造出了更多的不可能。她鼓励那些和她一样的人们，挖掘出自己更多的潜能。她将缺失变成了获取更多力量的转折点，也是突破人类自身性质的源泉。她赞美那些令人心碎的力量，因为这些战胜缺失的力量，更多人才变得闪闪发光，成为不一样的自己。

面对生活中的不完美，我们不该只是将自己局限在一个狭小的角落里，小心翼翼地去舔舐那些伤口，或者去沉迷于那些伤痛。这些伤痛不该成为你挑战某些不可能的阻碍。

高考前一个月，小茵的爸爸因为癌症晚期去世了。那个时候，同学们都害怕她坚持不下去，害怕她会想不开，害怕她出什么事。然而，她为父亲办完丧事后就直接回了学校。父亲的离世让她憔悴了很多，但丝毫没有减弱她的战斗力。大家害怕影响小茵的情绪都变得小心翼翼，在做某些事情的时候都会考虑她的情绪。小茵发现后却非常坚定地说："我现在很好，请大家不要因为我失去了父亲而特别照顾我，也不要因为这件事而对我有什么改变。"她没有变得脆弱不堪，而是变得更加坚强。最终，她保持着良好的状态、坚定的信念考上了清华。

高考后，小茵说那个时候她不仅要备战高考、面对父亲即将离开的事实，还要安慰母亲的情绪。在父亲离开的几个月前，她也曾一度崩溃过，不过最后还是挺过去了。她说："就算生活再艰难，再暗淡无光，都不能放弃。我有责任去承担某些事情，我不能让母亲沉浸在失去丈夫的悲痛外，还要来承受我高考失利的压力，那么她日后的负担会更加沉重。"

小茵凭着自己的努力承担了自己在大学里所有的学费和生活费。后来，因为优异的成绩与突出的领袖能力，小茵获得了哥伦比亚大学的全额奖学金。现在的她乐观、自信、开朗，再大的风浪都无法阻碍她前进。

生命中的痛苦与缺失是不可避免的，也许还没等到你做好准备就要面对生命中突如其来的苦难，但请不要因此彷徨不前，甚至失去面对生活的勇气。面对一切苦难与磨砺，面对世事沧桑，你可以做出另一种选择，成就更好的自己。

世界改变不了你，你可以改变世界

回馈是一种能力，
也是一种人生态度。
当你得到某些资源的时候，
这也代表了某些人正在失去。

回馈社会是一种人生态度，也是每个人的共同责任。很多时候，人们太过自私，不断地索取并消耗着社会资源，从而忘记了回馈的重要性。回馈的价值远远超出我们的想象。

微软创始人比尔·盖茨表示，很多人希望把积累的财富留给下一代。虽然这种做法合情合理、无可厚非，但他认为，如果能把自己掌握的财富回馈于社会，用到重要的事业上，比如教育、医学研究、科技、社会服务等领域，那么更有利于人类的发展，也更有利于下一代的成长，包括他自己的孩子。

没错，回馈社会是从“小我”上升到人类“大我”的过程。

2010 年，微软创始人比尔·盖茨和“股神”沃伦·巴菲特发起了一项名叫“捐赠誓言”的活动。这项活动旨在号召亿万富翁们在生前或死后奉献自己大部分的财产来做慈善。他们的捐款用来建立了基金会，主要投资社会性质的科研、福利等，有教育、清洁能源，基因研究，致命传染病研究，抗衰老、阿尔茨海默症等疑难病研究等。

当 Facebook（脸书）的总裁扎克伯格的女儿出生时，他宣布将他 99% 的股份捐出，用于慈善事业、资助领域、个性化学习、医治疾病等，目前价值约 450 亿美元。有人提出，这项倡议的签署对于年轻富豪来说，实属不易。尽管有人对他的举动也提出了质疑，但是他确实在公益事业上做了很多。其实，在 2013 年 9 月 23 日，扎克伯格宣布捐赠 1 亿美元，赞助新泽西州纽瓦克市修缮学校。这次捐赠创下美国青年慈善捐款纪录。

扎克伯格曾表示:“一些人等到事业晚期才回馈（社会）。可现在就有那么多事情需要做，为何要等待？我们中一些人很可能在人生早期回馈社会，见证我们慈善努力的影响。”

当这些新一代的年轻人有了足够的财富之后，他们把钱捐出来做公益，做科研，当然也要解决他们自己的问题，而这些问题是一般人，甚至是政府机构也没有能力解决的。比如说人的自然衰老、老年痴呆和癌症，这些无法抗拒的自然力量。

枫是我的一个香港朋友 ，不过，让我奇怪的是，他的童年貌似一点儿都不丰富多彩。一次聊天，我问他:“枫，你童年时期都做些什么？”他说:“去做义工呀。”我追问道 ，“你小时候就开始做义工了？”他说 ，“对呀，你们难道不做义工吗？”那个时候，我竟然不知道该怎么回答。我的童年只知玩要，而且只懂得索取。当一个孩子从小就懂得回馈的意义时，那么他的人格将会更加健全。

我的母亲是一位基督教教徒，在他们的团体里，“义工”是很常见的。母亲会定期去看望并帮助那些家庭困难的人们。她告诉我：“在这个世界上，还有很多深受苦难的人需要我们的帮助。”

很多人会说，不要同情那些在街头的乞丐，否则会纵容他们的不劳而获。其实，没有人天生就是行骗者，也没有人天生就该流落街头。回馈是一种能力，也是一种人生态度。当你得到某些资源的时候，某些人正在失去，某些人正在遭遇贫穷。你应该明白，获得之人只是比那些人更加幸运而已。

每个人都应该有“社会”这个意识，千万不要想着等到自己有条件后再去回馈社会。无论馈赠多少，我们都将会在这个过程中懂得感恩、包容，更懂得自身存在的价值。